# 渋滞学

西成活裕

新潮選書

## まえがき

私は渋滞が嫌いだ。車を運転していても歩いていても、混雑してくるとイライラする。しかし、人は何かを嫌いになればなるほど、冷静に相手を見られなくなるものだ。そこで、嫌いな相手にもどこか良いところはないか探してみた。すると、いろいろ考えてゆくうちに、ひと口に渋滞といっても実に様々なものがあることに気がついた。車だけでなく、人、インターネット、そして我々の体内でも渋滞は発生する。また、むしろ渋滞した方が喜ばしい状況もあることがわかってきた。たとえば、「行列のできる店」という言葉にもあるとおり、適度な渋滞は飲食店などにはむしろ望ましい。

10年前のある日、ぼんやりと一人で考えたことだが、その後調べてゆくうちに何だか渋滞について考えることが楽しくなってきてしまった。これもよくあることだが、嫌いな相手をどうやら好きになってしまったようだ。もちろん今でも渋滞に巻き込まれると多少の不快感はある。が、災いに巻き込まれた被害者の間で生まれる、妙な連帯感を感じるようになったことも確かだ。

さらにイライラする前になぜ混んだのかを落ち着いて考える余裕も生まれた。混むには必ず理由がある。そしてその理由を取り除けば渋滞はなくなるはずだ。これはまるで事件現場で、小さなヒントから犯人を推理する探偵のような気分である。そしてこれまでいろいろな渋滞現場を見てきたおかげで、その共通点にも気がつくようになった。何かの流れがあればそこには必ず渋滞が発生するものなのである。

こうしてできた10年間の、いわば「渋滞の理由探しの旅日記」をまとめたものが本書である。目次に並んでいる渋滞の数々は、これまで私が思いをめぐらせてきたものばかりだが、本当にいろいろな分野の人といろいろな話をすることができた。あるときは建築士、あるときは生物学者、情報処理技術者とも意見を交換した。このように渋滞に関連するテーマならば分野にこだわらず考えてきたが、その結果、異なる分野でも案外似たようなことを考えていることがわかってきたのである。その類似性や相違点に注目し、「渋滞学」として1冊にまとめてみようと思った。

この学問の大きな目標の一つにもちろん渋滞の解消が挙げられる。これまで各分野で渋滞を解消しようとして様々な研究努力がなされてきたが、残念ながら、なかなかなくならない。それならば、思い切ってまったく新しい「分野横断的」な発想から渋滞解消について考えてゆこう、というのがこの渋滞学だ。車の渋滞で悩んだときは、アリにどうしたらよいか聞いてみるのも手なのである。

本書の構成はオムニバス形式に近い。第1章をざっと読んでいただければ、あとは順番どおりでなくても読みたい章から読み進めることができる。また章によっては、その末尾に「渋滞学講義」を用意し、もう少し深く知りたいという人のためにやや詳しい解説を加えた。この部分は、初めは読み飛ばしていただいてもかまわない。とにかく本書によって、生まれたばかりの「渋滞学」が、様々な渋滞をどのように料理してゆくのかを楽しんでいただければ幸いである。

渋滞学　目次

まえがき　3

第1章　渋滞とは何か……13

水と人のちがい　非ニュートン粒子なるもの　おもちゃモデルの重要性　ASEPは優れたモデル　ASEPで遊んでみよう　水が氷になる時　待ち時間の計算方法　待ち行列の理論と渋滞学のちがい　セルオートマトン法

第2章　車の渋滞はなぜ起きるのか……39

ETCの課題　わけのわからない渋滞　サグとは気づかない坂道　研究の切り札となる基本図　車間距離40m以下で渋滞は発生する　渋滞の直前に起きていること　映画「スピード」でのメタ安定　自然渋滞の他の原因　混んでいる

けど60kmで走れる　2車線道路はどっちが得か　ゆっくり走れば青信号　ラウンドアバウトの長所短所
渋滞学講義Ⅰ「車のセルオートマトンモデル」

第3章　人の渋滞……………………………………………83
明石歩道橋事故　密着状態ではニュートン粒子になる　群集には3種類ある　火事と煙　どこへ逃げようとするのか？　競うから逃げられない　建築基準法で決められていること　2方向避難の原則　パーソナルスペースと斥力圏　情報処理空間と引力圏　群集の動きもモデル化できる　航空機からの避難　障害物があるとスムーズになる　駅ではこう歩いている　温めると凍結する？　狭い箇所でのすれちがい　広告はどこが効果的か？　動く歩道で渋滞をなくす
渋滞学講義Ⅱ「群集の動きのモデル化——フロアフィールドモデル」

## 第4章　アリの渋滞……125

列の秘密はフェロモン　3種のフェロモン　アリと車の相違点　アリは混むと速くなる　フルマラソンにおけるフェロモン効果　アリに似ているバスの渋滞

渋滞学講義Ⅲ「アリのセルオートマトンモデルについて」

## 第5章　世界は渋滞だらけ……149

インターネットの渋滞　コンピュータの涙ぐましい努力　パケットと車のちがい　パケットの渋滞をどう回避するか　粉つぶはむずかしい　ブラジルナッツ現象　カーリングやビリヤード　電車の運行「時間調整のため停車します」の意味　誰も呼ばないのに動くエレベータ　航空機も渋滞　セル生産方式の方がおいしそう　渋滞が望まれる森林火災　お金がお金を呼ぶ　体内での渋滞　タンパク質合成工場ASEPはここから生まれた　運び屋分子モーター　ほうき星と渋滞

第6章　渋滞学のこれから…………207
現実はネットワークしている　ネットワークのトポロジーとは　ハブと集中　どの道を通ればいいの？　たった6人で世界はつながる　ゲーム理論の大切さ　美人をナンパすべきか　微積分で世界は変わった　コンピュータが間違える計算　複雑なものをどう理解すればよいのか　数学の大切さ

参考文献　244

あとがき　246

# 渋滞学

# 第1章　渋滞とは何か

## 水と人のちがい

夏の暑い日には庭に打ち水をすると良い。とてもさわやかな気分になるし、地球温暖化対策としても、打ち水はだいぶ効果があるらしいことが最近わかってきた。ホースで水を撒く場合、勢いよくピューッと出すために我々はよくホースの先をちょっと絞る。これは誰もが小さいころから経験して知っている水の性質だ。水は細いところを通過するとき、速く流れるという性質を持つ。実際、ホース出口の断面積を半分に絞れば水は2倍の速さで出て行く〈図1〉。

では、人の流れはどうだろうか。

駅の通路などを想像していただきたい〈図2〉。たくさんの歩行者が目的地に向かって歩いている。その通路の幅が半分になったら人は2倍の速さで流れてゆくだろうか。これが無理なことはやはり小さいころから誰もが経験して知っている。もし人間が水のように歩けるのなら、人混みはこの世からなくなるだろう。

車も人と同じことである。2車線の高速道路で快適に走っていたのが、事故などで片側1車

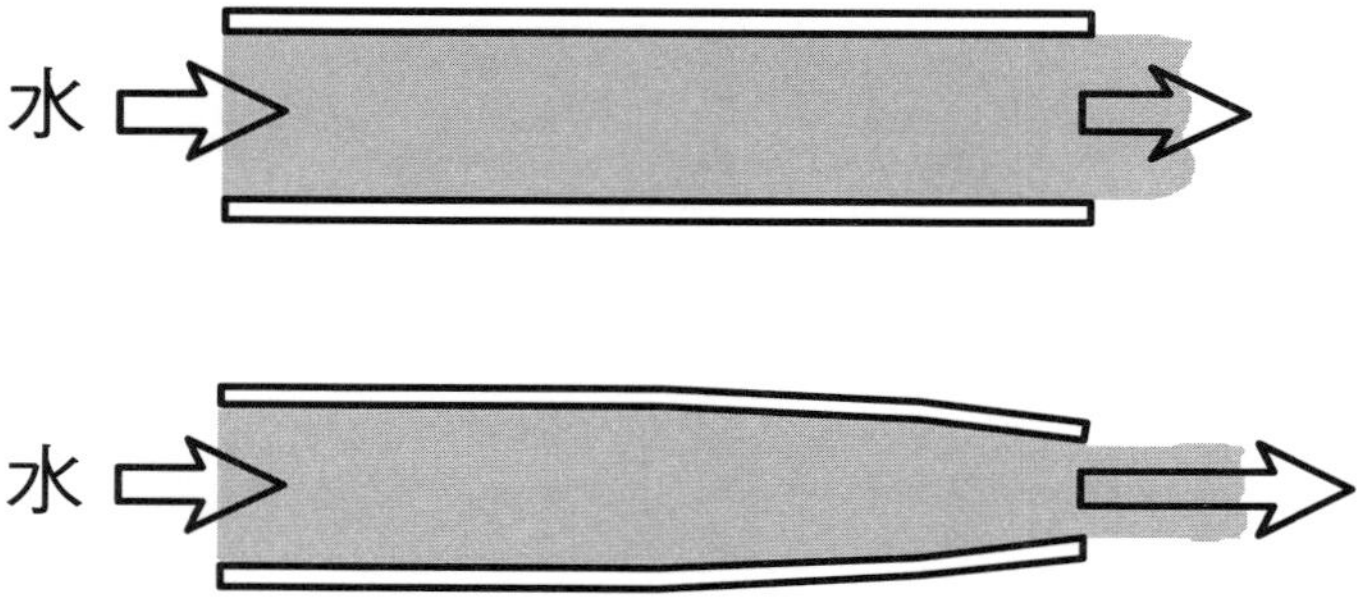


図１　ホースの出口を絞ると水は勢いよく出てゆく。
その水の速さは断面積に反比例して速くなる。

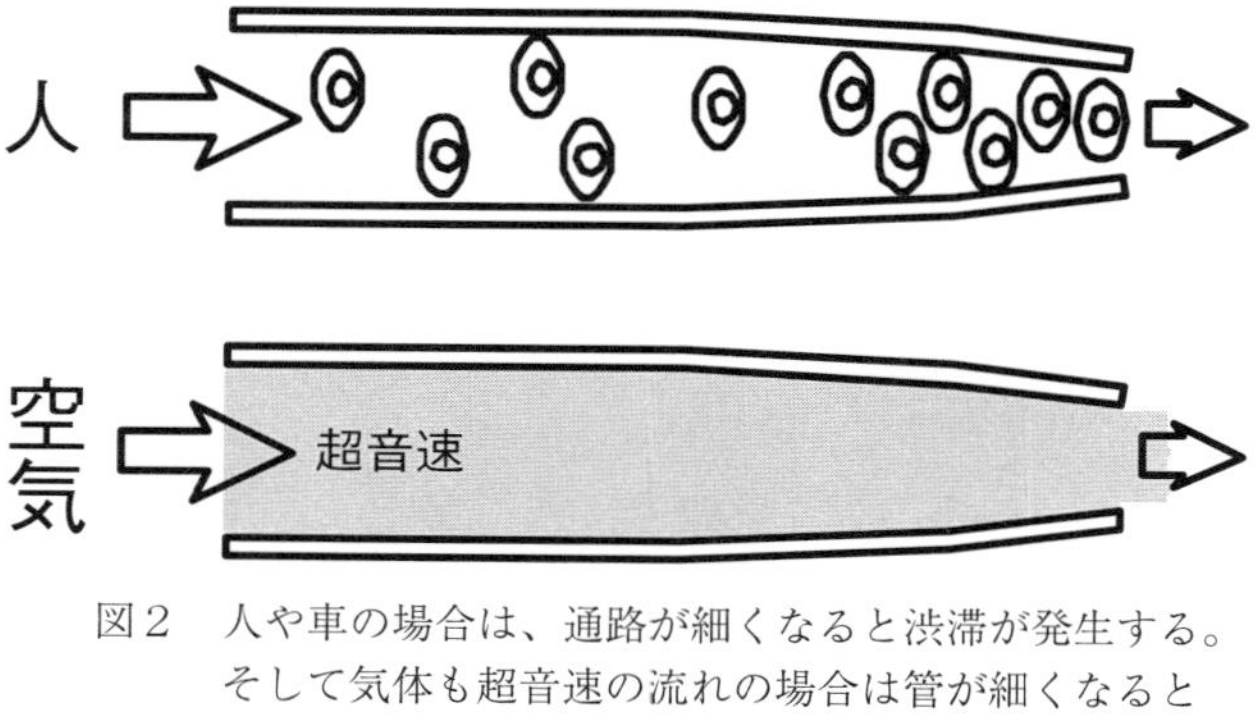


図２　人や車の場合は、通路が細くなると渋滞が発生する。
そして気体も超音速の流れの場合は管が細くなると
遅くなることが知られている。

線が使えなくなると、そこを先頭に大渋滞が発生する。事故を起こしてしまったドライバーは、その傍らをゆっくり通過して行かなければならない他の車に睨まれてしまい、二重の意味で悲惨である。

もしも車が水のように振る舞うならば、1車線になるとそのあたりは速く流れることになる。が、もちろんこれがまったく起こりえないことは誰でも知っている。では、なぜこのようなちがいがあるのだろうか。そしてどうすれば、こうした渋滞は解消するのだろうか。

人と水のちがいとしてまず初めに指摘したいのは、人は水の分子とちがって自らの意思を持っており、別に誰かに押されなくてもいろいろな方向に勝手に動ける、ということだ。そして車も人が運転しているわけで、ハンドル操作によりその速さや方向などを自由に変えることができる。

しかし、水はちがう。水の分子は何かの力で外から押されない限り方向転換はできず、これを物理学では「慣性の法則」と名づけている。流れている水を力をかけずに急に止めることは誰にもできないが、歩いている人が急に立ち止まることはよくある。

さらに水分子は、押された力の分だけ相手を押し返す、という性質がある。これは「作用＝反作用の法則」といわれている。人にはこの法則も一般にあてはまらない。

それを考えるために、まず人の間に働く力とは何かを考えてみよう。街を歩いているとき、たとえ相手が離れていても、人は賢いのでお互い衝突しないように前もって適当に回避しながら行動している。状況にもよるが、ふつうは大体5m前方ぐらいまで見ながら他者の行動を瞬時に判断して自らの行動に常に反映させている。つまり接していなくても他者から力を受けている、といえるのだ。

実はこの力がやっかいで、たとえば他人が自分に近づいて来るときに感じる、よけようとする反発力は、その人の心理的な要因で決まり、その大きさは決して量れるようなものではない。しかもその他人も自分との衝突を避けるために反発力を感じて行動しているはずだが、その大きさは自分が感じている力と比較しようがなく、もちろん同じ大きさであるなどとはいえない。たとえば前方から強面《こわおもて》の男が歩いてきた場合、自分は大きくよけるが相手は私などまったく意に介さないかのようにまっすぐ歩いてくる。

それと比べると水分子同士に働く力はかなり単純だ。この場合、分子間力（ファンデルワールス力）といわれる電気的な力が働いており、遠くにいてもお互いの存在を感じて動いているのはある意味で人と同じである。しかし違うのは、お互いの感じている力の大きさは厳密に等しくなる、という点だ。つまり、ある分子が別の分子から力を受けると、それとまったく同じ大きさの力をその別の分子も反作用として必ず受けるのである。このようにきちんとお互いに働く力を正確に見積もることができる「作用＝反作用の法則」こそ、ニュートンが300年以上も前に築き上げた力学の基本原理の一つとなっている。この法則のおかげで様々な運動の「定量的な」解析が可能になったわけで、まさに現代科学の立脚点の一つなのである。

ここでちょっとわき道にそれて、「定量的」という言葉について説明しておこう。これは

「定性的」という言葉とペアになっていて、我々科学者が好んで使う言葉の一つである。たとえば理論と実験結果がきちんと細かい数字まで合っている場合に「定量的に一致している」という。数字は違うが大体の変化の様子が同じ場合には、「定性的に一致している」という。初めは何でも定性的理解から始まって、だんだんと精密化して最終的に定量的理解を目指すというのが科学の進んできた流れである。定量的解析ができるということは精密科学に必要不可欠なことなのだ。人同士の相互作用の力はまだ定性的理解を目指している段階で、定量的解析はできていない。

さて話をもとに戻す。ニュートンが考えた力学の基本原理は実は三つの法則からなる。①「慣性の法則」、②「作用＝反作用の法則」、③「運動の法則」、である。

③の「運動の法則」こそ最も重要なもので、粒子に力が加わったときの運動状態の変化を決める法則である。いわゆるニュートンの運動方程式ともいわれているもので、これにより力の影響を受けた粒子の将来の位置や速度を正確に計算できる。ただしその計算には微積分を使いこなす必要があるため、理科系に進むと、このトレーニングのためにかなりの時間を費やす。

そしてこの3法則をよりどころとして人類は研究を重ね、水分子はもちろん、ゴルフボールや惑星など、ほとんどすべての物体の運動について定量的解析ができるまでになってきた。そして今や宇宙にまで行ける時代になったのは、実はこれらの法則の発見のおかげだといえる。

## 非ニュートン粒子なるもの

この三つの法則が成り立っているものはすべて「ニュートン粒子」ということができる。それに比べて人や車は、それを粒子として見るとこれまで述べてきたとおり必ずしも3法則が成り立つわけではないので、「非ニュートン粒子」である。この非ニュートン粒子は、自分自身の意思を持っており、自発的に動くことができるため、その行動には「慣性の法則」はあてはまらないし、力といっても社会心理学的なものであるため「作用＝反作用の法則」も成り立たない。そして力が見積もれないために、強力な「運動の法則」も無力なのだ。

生物などの個体も粒子として考えるとすべてこういった性質を持つので、これらの粒子を今後は「自己駆動粒子」と呼ぶことにする。

この他にもいろいろと呼び名が考えられるが、まず否定語から始まる「非ニュートン粒子」というのは響きが良くないので使いたくない、というのが多くの研究者の一致した気持ちだ。科学用語はたいてい英語で呼び名を決めるが、研究者の間でself-driven particleという名前が使われ始め、「自己駆動粒子」はこの直訳になっている。研究者によっては、「機能性粒子」などと呼んだりする場合もある。水の性質についてはその経験事実が精密な理論にまとめられ、今では流体力学という物理学の一大分野をなしているが、もう一つの経験事実である人や車などの自己駆動粒子の流れに関しては、物理学ではこれまでほとんど取り上げられてこなかった。3法則が厳密に成り立たないものは従来の物理学の対象にはならなかったからだ。

では我々は、300年以上昔のニュートンの3法則がない時代に戻って、自己駆動粒子の動きを考えなければならないのだろうか。実は、たとえニュートンの法則がなくても、彼が生きていた時代と今とでは決定的なちがいがある。それは我々は新しい武器として「コンピュータ」を持っている、ということだ。コンピュータは本書の研究でも中心的役割を果たす。もちろんただそれを使ってシミュレーションをするだけではない。後で述べるようにコンピュータの結果も万能ではないからだ。そこで基礎になる新しい理論が必要になる。

ここで面白い事実を紹介しよう。冒頭でホースに流れる水の話をしたが、水ではなく空気ならばどうなのだろうか。空気ももちろんニュートン粒子であり、流体力学の法則にしたがって通常は細いところを通過すると速く流れる。これは地下鉄駅の狭い通路での強風を想像すれば容易にわかるだろう。しかし実はあまり知られていないが、空気の流れも超音速になると、人の流れと同じように細いところを通過するときには遅くなるのだ〈図2〉。空気などの気体は水と違って容易に「圧縮」することができる。このように圧縮可能な流体に限ってこのようなことが起きることが知られている。

空気中での音の伝わる速さは大体時速1200㎞だが、これ以上の速度での空気の流れは人の流れに似ていると思えることが多い。普段は体験しない世界なので、この流れを想像することは難しいが、そのような体験がなくても科学者は流体力学の式にしたがって何が起きるのか、とりあえず計算することができるのだ。

もう一つ例を挙げると、管の中を超音速で流れている気体は、管を細くしなくても実は外部から暖めるだけで遅くなるという計算結果も得られる。これは興味深いことに人の流れとの対応がつくのだ。人は冷静なときにはある程度混んでいてもそれなりに整然と歩けるが、興奮状態やパニックになると、その流れが混乱して大変危険な状態になる。そしてその状態では前にほとんど進めなくなり、全体として流れの速度は極めて遅くなる。人々がパニック状態になるということは、「人の温度」が上がった、と考えることができる。つまり群集はその温度が上昇すると、別に道が細くならなくても流れが遅くなると考えられる。

将来的には人の流れを超音速状態の流体力学で理解する日も来るかもしれないが、そのような研究はまだほとんど進んでいない。現在の自己駆動粒子系の研究は、まだ次に紹介するおもちゃなどを使った研究が開始された段階なのである。

## おもちゃモデルの重要性

科学者は現実の複雑な現象を解明してゆくために、いろいろなテクニックを使う。理論的に研究している人々は、現実と似たような動きをする簡単なおもちゃを考案し、そのおもちゃの振る舞いを真面目に調べることで現実を理解し、そして予測しようとする。おもちゃと書いたが、英語で書かれる研究論文でも本当に toy model と書いてある。ただしふつうは実際に何かを作るわけではなく、あくまでも頭の中で単純なモデルを考えて、せいぜいコンピュータの中で仮想的に動かすだけだ。これを現実の「モデル化」という。

現実から単純なモデルにした時点で、既にいろいろな要因を無視してしまっているので、せめてモデル自体は数学を駆使してその振る舞いを厳密に解こうとする。ここで注意しておくが、単純なモデル化をしたからといって、数学で厳密に解けるとは限らない。その場合はコンピュータの助けを借りて、厳密でなくても大体正しいと思える答えを探してゆく。この数学とコンピュータの関係はわかりにくいかもしれないので、簡単な例で説明しよう。

たとえばある数に3をかけて1にしたい、という問題があったとする。数学で厳密に解くとは、「ある数とは、3分の1である」と答えることだ。これぐらい簡単ならば誰にでも解けてしまうが、仮に解けなかったとする。その場合、コンピュータの助けを借りることになるが、コンピュータではどのように解くかというと、ある数の候補をいろいろ代入してみて、3倍して1になるかどうかひたすらチェックするのである。たとえばまず0・1を入力し、3をかけて0・3を出力するが、これは1から離れている。次にちょっと増やして0・2を入力すれば0・6を出力する。だんだん近くなってきた。そして0・3のとき、0・9が出力され1に近くなる。よって、「ある数とは、0・3に近い」とコンピュータははじきだす。これはかなり誇張した例だが、コンピュータとは大体こういう感じで問題を解くのだ。もちろん精度を上げれば、0・3333などと求めることができ、3分の1に近づいてゆくが、真の値である3分の1とは小数点以下3が無限個続くので、いくらスーパーコンピュータでもこの方法で真の値に近づくことはできない。したがってコンピュータを用いた場合、我々科学者は「厳密に解いた」とはいわない。

別の例を挙げよう。電卓で1より大きな数を適当に決めて入力し、平方根（ルート）のボタンを何回も押してみる。つまり入力した数の平方根を繰り返し計算するのだ。すると不思議なことに何回かボタンを押した後に表示板は1を示す。そしてどんな1より大きな数字を入れても最後には必ず1になることがわかる。私は小学生の頃にこのことを知って大変感動し、夢中で電卓をたたいた覚えがある。少し後になって、実は1以上でなくても、「0より大きな数は何でも平方根の操作を繰り返せば必ず1に近づいてゆく」、ということが数学で厳密に示せることを勉強し、今度は数学の偉大さに感動した。コンピュータでいくら数をいろいろ入力し、平方根の操作を繰り返して1になることを確認しても、「すべての数」でそうなることを確認するのは到底無理な話だ。やはり数学で証明する、ということがどれだけ威力のあることなのかわかっていただけるだろう。

しかし残念ながらこのように数学でちゃんと解けるのは大学1、2年生ぐらいまでの問題で、それ以降に現れるほとんどの問題は大変難しくて、運が良ければ解ける、という程度である。したがって数学で解けない場合、完全に正確でなくてもコンピュータで正解に近そうな答えを探す、ということをする。もちろん正解がわかっているわけではないので、もしかしたらコンピュータの答えは間違っているかもしれない。それでも何も答えらしきものがないよりははるかにましなので、現代科学では数学で厳密に解けない問題はコンピュータで計算することが多い。このように科学者は数学とコンピュータの結果を区別して扱い、数学でちゃんと解いたときに初めてその結果を全員が１００％信用する。コンピュータの結果は、たとえていえば天気予報のようなもので、結果が正しい確率が90％、といったような感覚なのだ。

現実を表す「良いモデル」とは、次の二つの特徴を兼ね備えたモデルのことを指している。まず、数学的な性質が良い、つまり厳密に扱える、ということ。そして二つめは、そのモデルを解いた結果もまたちゃんと現実の観測事実とよく対応したものになっている、ということだ。なかなかこのようなものを作るのは難しいが、もしこのようなモデル化ができれば、実際の現象を考えるための極めて強力な道具となり、もはや「おもちゃ」ではなくなってくる。この「良いモデル」というものをいかに作り上げるかが科学者の腕の見せどころで、まずそれは複雑に見える現象に本質的に寄与している少数の要素を抜き出してモデル化する作業であり、深い経験や知識も必要だが、成否を決するのは運も大きい。さらに数学的に厳密に取り扱えるものにするためには深い数学的知識も必要だ。この、「現実をうまく捉えており、しかも数学的にも性質の良いモデル」という両方の要請を満たすものは、これまで様々な分野で見出され、各々の標準モデルとして世界的に認められ盛んに研究されている。

## ASEPは優れたモデル

人や車などの集まりである「自己駆動粒子系」とその渋滞を考える上で、近年性質の良い理論モデルの一つが見出されている。それはＡＳＥＰ（エイセップ）といわれているものだ。日本語ではなんとも堅苦しい名前だが、非対称単純排除過程（Asymmetric Simple Exclusion Process）といわれる。この英語の頭文字をとったものがＡＳＥＰで、一見、難しそうなモデルだが、実は小学生でも理解できるほど単純なものである。

そのモデルを説明しよう。初めにたくさんの箱を用意し、それをずらりとまっすぐに並べる。箱には玉が一つだけ入るとし、適当にいくつかの箱に玉を入れておく。そして玉を一斉に右隣の箱に移すとしよう。ここで右隣の箱に既に玉が入っていれば動けない。ルールはたったこれだけ。この操作を何度も繰り返すと玉全体が右にゾロゾロと動いてゆくことがわかる〈図3〉。玉を人だと思えば通路を通る人々と考えられるし、玉を車と思えば道路を走る車集団の動きのようにも思えてくる。ASEPとはこのような単純なおもちゃなのだが、いろいろと素晴らしい性質を持っており、渋滞研究の中心的役割を担っている。

「非対称単純排除過程」という名前も、よく考えると自然にこの玉の動きのルールをいっただけであることに気がつく。「非対称」というのは、右に進むものだけ考えて、左に進むものは考えないところから来ている。車はふつうバックしないである方向に動いてゆくため、左右の進行に対して非対称なのは当然だ。そしてこの前に進むというルールによって自己駆動という性質をモデル化している。

次の「単純」というのは説明不要で、これほど単純なモデルはないだろう。「排除」というのは物理学ではよく使われる用語で、一つの箱には一つしか玉が入れない、というところから来ている。「排除体積効果」というのが正確ないい方であり、すでに一つ玉が入っていれば、もう一つの玉が入ろうとしてもそれを排除するのだ。これは人などの「大きさ（体積）を持つもの」ならば必ず持っている性質で、お互いが邪魔になって動けなくなるという最も重要な現象を捉えていると考えられる。

この排除体積効果がなければもちろん渋滞は発生しない。なぜなら玉がたくさんひしめき合っているような混雑時でも、次の箱にいくらでも玉が入れるので、お互いの玉同士に相互作用の力は働かず、一人で進んでいるのとまったく同じになるからだ。つまりASEPではお互いに働く心理的な力を、隣に来たときだけ反発を感じるような排除体積効果として単純にモデル化したのだ。このモデルでは、進行方向側の粒子は後ろの粒子から力を受けることはなく、その意味で「作用＝反作用の法則」は成り立っていないことにも注意してほしい。以上、ASEPは自己駆動と排除体積効果の二つを考慮した最も単純なモデルである、といえる。

## ASEPで遊んでみよう

この簡単なおもちゃは、意外に渋滞の本質をとらえており大変興味深い。まずはモデルに慣れるためにもいろいろな場合を設定して遊んでみよう。簡単にするため両端がつながっているサーキット状の道での動きを考えることにする。まず玉の数が少ないときの動きから見てゆこう〈図4〉。このとき初めに適当に並んでいた玉は、何回か操作を繰り返すとすぐにちゃんとバラけてお互い邪魔をせずにスイスイと動けるようになる。つまり玉が少なければ渋滞は発生しない。

では次に玉の数を増やしてみる〈図5〉。この場合、お互いが邪魔になって動くことのできない玉の集団が発生し、その集団は進行方向とは逆に動いてゆくように見える。この集団のこ

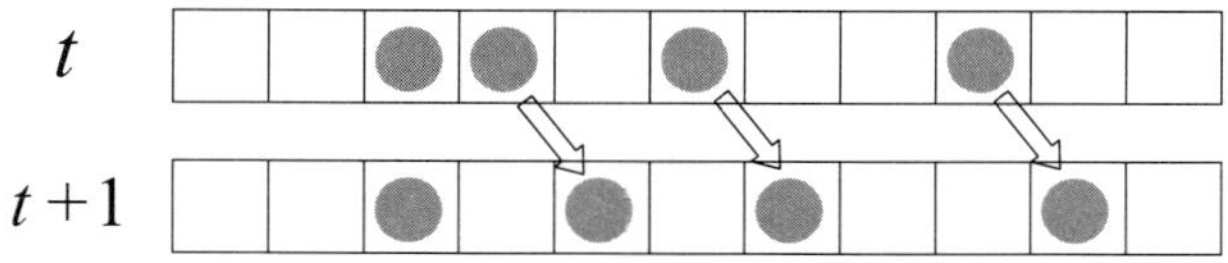


図３　ＡＳＥＰでの玉の動き。前の箱が空いていない場合は次の時刻で動けない。

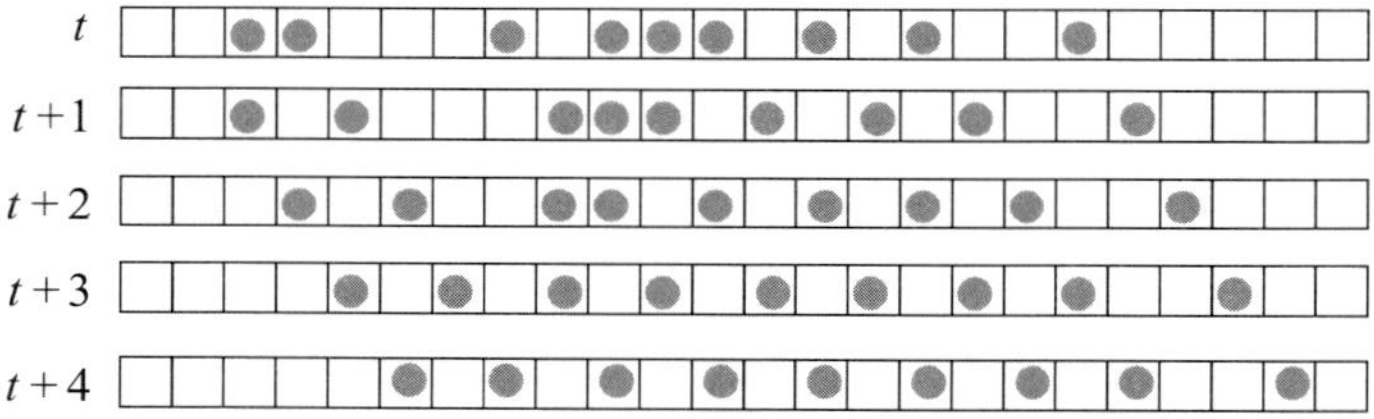


図４　密度が小さい場合のＡＳＥＰの振る舞い。しばらくすると全ての玉が自由に動けるようになっている。ただし左右の端はつながっているものとする。

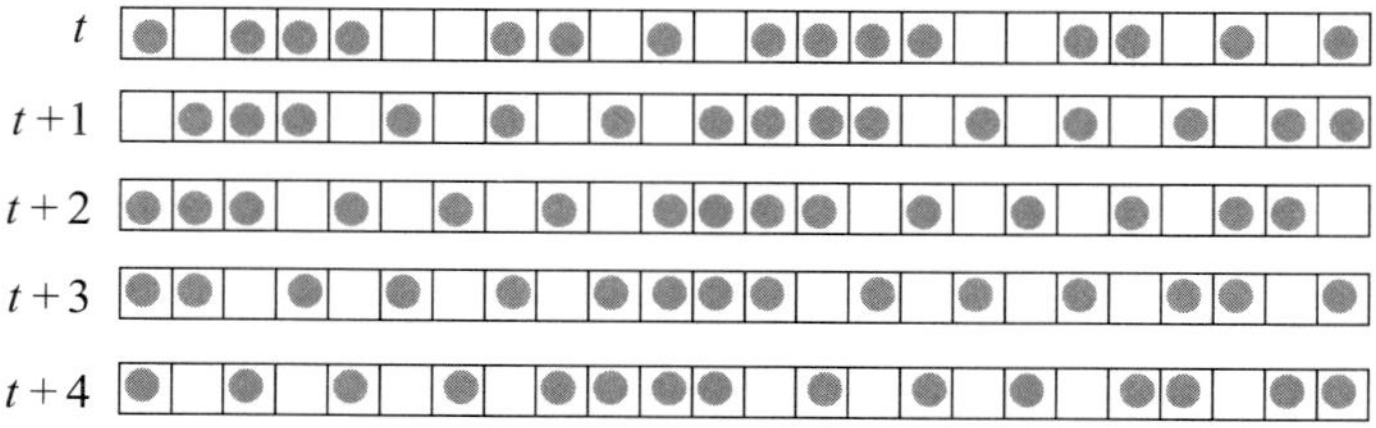


図５　密度が大きい場合のＡＳＥＰの様子。真ん中の四つの玉からなる渋滞クラスターが進行方向と逆に動いているのが分かる。

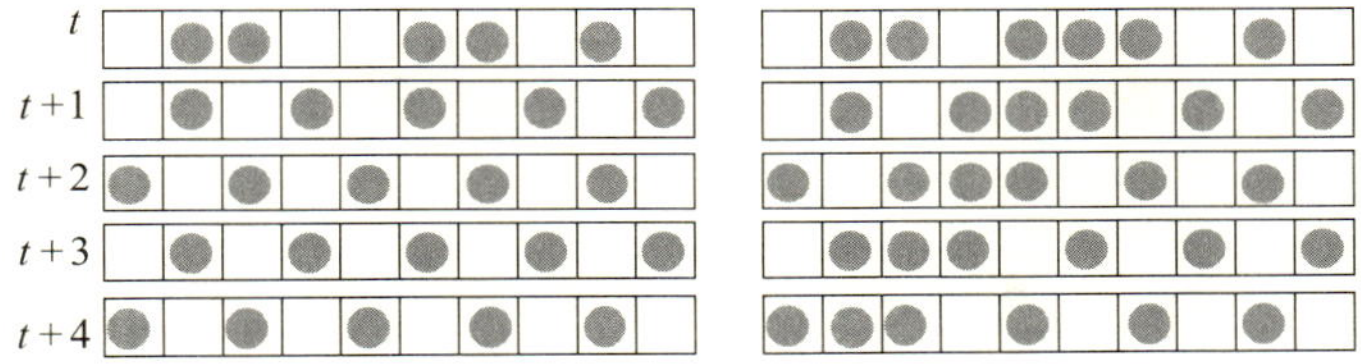


図6　臨界状態（左）とそれから一つだけ玉が増えた場合（右）。箱は10個あるので臨界状態は玉が５個である。臨界状態ではしばらく時間がたてば玉は一つおきに並ぶが、右図では３個の玉からなる渋滞クラスターが出現している。

とを「クラスター」（cluster＝固まり）と呼ぶ。このように玉の数がある程度以上になると「渋滞クラスター」が発生する。クラスターが後ろに進むのはこのおもちゃの動きをよく考えれば納得できる。クラスターの先頭からは渋滞から解放された玉が次々と出てゆき、後ろには渋滞に巻き込まれる哀れな玉が次々に到着する。一つ出て一つ入ればクラスター全体が後ろに一つ移動したように見える。そのために動けない車のクラスターはどんどん後ろに移動してゆくように見えるのだ。実際の車の流れでも渋滞部分は後ろに伝わってゆく。

では、渋滞クラスターができ始める玉の数はいくつだろうか。それは勘の良い人ならば既に気がついているかもしれないが、ちょうどサーキットの長さの半分だけ玉が入った状態だ。このときが、クラスターができないギリギリの状態で、あと一つ玉を追加すると三つの玉からなるミニ渋滞クラスターが初めて発生するようになる〈図6〉。

このギリギリの状態を「臨界状態」といって、ちょうど自由に動いている状態と渋滞状態の境に位置する中間状態である。また、この臨界状態のときの玉の密度を「臨界密度」という。ＡＳＥＰの場合、密度の定義は、玉の数を箱の全数で割ったものとする。したがってこのモデルの臨界密度は２分の１、つまり０・５である。また玉の数がちょうど箱の数の半分であるこの臨界状態のときは、初期に玉をどの箱においてもしばらく時間がたつと玉のある箱とない箱が交互に出現する状態に落ち着くことがわかる〈図６〉。密度は定義によれば０から１までの範囲の値をとり、最大密度である１の状態とは、すべての箱に玉が詰まった大渋滞の状態に対応する。

## 水が氷になる時

モデルの臨界密度を求めることは極めて重要なことで、これによりいつ渋滞が発生するかがわかる。物理学の一分野である統計力学では、状態を「相」という言葉で表し、相の変化を「相転移」という。そしてＡＳＥＰの性質を次のようにいう。

「自由相から渋滞相への相転移の臨界密度は２分の１である」

ＡＳＥＰが良いモデルといわれるのは、この性質が厳密に数学で証明できるからでもある。玉を動かして実験すれば当たり前のような気もするが、数学の証明があると結果に安心感が生まれる。もちろんこの臨界密度の計算だけでなく、しばらく時間がたった後の玉の分布の様子など、たくさんの重要な量が厳密に計算できるモデルなのだ。

ここで統計力学について補足をしておこう。前に力学について述べたが、力学という分野では扱う粒子の数が通常あまり多くない場合を対象にしている。しかし気体などを考える際にはその中に含まれる粒子数は膨大で、浴槽ほどの大きさの中に10の23乗個程度という、1の後に0が23個も並ぶような粒子数を相手にしなくてはならない。このように粒子数が極端に多くなってきた場合は、一つ一つの粒子の動きを追うのは不可能だし、またそのようなものがわかってもあまり意味がない。それよりも全体としての統計的な性質、たとえば平均的な速さや密度などを知ることの方が重要だ。このような統計的な分析を多数の粒子の力学に適用したものが統計力学であり、おそらく現代物理学の中でも最も研究者の数が多く、また盛んに研究されている分野だ。

この分野では、水が氷になったり、蒸発して水蒸気になったりする現象を相転移と呼んでいる。固体相から液体相または気体相に変化する相転移は0℃または100℃という臨界温度で起きることはご存じのとおりである。この類似で、ASEPにおいても自由相から渋滞相へ臨界密度2分の1で相転移が起きる、というのである。

ちなみにASEPでは通常もう一つルールを加えて、前の箱が空いているときに必ずそこへ行くのではなく、ある確率で前の空箱に動くとする。これまでのASEPの説明はこの確率が1の場合に相当し、空いていれば必ず前にスイスイと進む玉を表していた。そして、確率を1より小さくすればそれだけ前に進みにくくなり、たとえば0・1の場合は、前が空いていても10回に1回の割合でしか前に行かないというノロノロ進む玉を表す。

ただこうしても渋滞相へ相転移する臨界密度は0・5のまま変わらないことが数学的に示されている。このような確率入りのモデルは今後の章で何度も登場するので、そのときにまた詳しく考えよう。

ASEPの性質はとりあえずこれくらいにして、ここでその歴史を簡単に述べておく。ASEPは1968年にイスラエルのマクドナルドとギブスという二人の数理生物学者によって考え出された。当時彼らはASEPを車のためではなく、生体内のタンパク質合成のモデルとして考え出したのだ。その論文はしばらく特に注目を引くことはなかったが、1993年になってASEPを厳密に解く「行列積の方法」といわれる新しい数学的方法がフランスの数学者であるデリダたちによって開発された。ここにおいてASEPは渋滞の基本的な性質を表しているとともに、数学的にも性質の良いことが示されたのである。そしてこれを契機にASEPは良いモデルであると皆が認めるようになり、爆発的に研究が加速していった。私もこの成果に着目し、ここ10年の間にその結果を本書で述べるような様々な渋滞現象を示す粒子系に応用してきたのだ。

簡単なおもちゃではあるが、粒子の流れとその渋滞形成について、ASEPは多くのことを我々に教えてくれる。中でも最も重要な概念である、「臨界密度以上になると渋滞が発生する」ということがこのおもちゃによってわかりやすく見えてきた。逆にいえば、臨界密度以下では渋滞クラスターは発生せず、この臨界密度はどのように決まるのか、あるいはコントロール可能なのかなど、興味が湧いてくる。それを知ることはまた現実の渋滞の制御や解消に役立つのだ。以下、この性質の良いモデルであるASEPをベースにして、いろいろと玉を動かすルールを変更しながら、より現実的な車や人などの動きとその渋滞について一緒に考えてゆこう。

## 待ち時間の計算方法

渋滞の研究というと、皆さんはこれまでいろいろな研究がなされていると思われるにちがいない。工学的な立場からの渋滞研究の歴史は確かに古いが、先に述べたように自己駆動粒子の集まりとしての物理的な研究は近年始まったばかりだ。そこで、分類が好きなのは学者の常であるので、生まれたばかりの「自己駆動粒子系の渋滞学」を学問として位置づけてみよう。

従来の渋滞の理論といえば「待ち行列理論」がある。これは現在でも銀行やデパートなどサービスカウンターがあるところでは、客の待ち行列を減らすために重要な理論として実際に使われており、客の来る頻度に応じていくつのカウンターを開けばどれぐらいの待ち人数になるのかをこの理論を用いて予測している。また情報処理技術者の資格を目指す人にとって、待ち行列理論は試験科目にもなっており、これはコンピュータネットワークでの渋滞を減らすためには重要である。

インターネット時代の現在、たくさんの人が同時に動画の配信などを行ない、かなり情報量の多いパケットデータをやりとりしている。たまに転送が遅いと感じるときもあるが、概して近年はストレスもなくインターネットを楽しめている。これも待ち行列理論がそのネットワークサーバーの設計、つまりその能力決定に役立っているからだ。このように多数の人からの要求と、それに応えるべきサービスの能力のバランスに関する理論が待ち行列理論である。

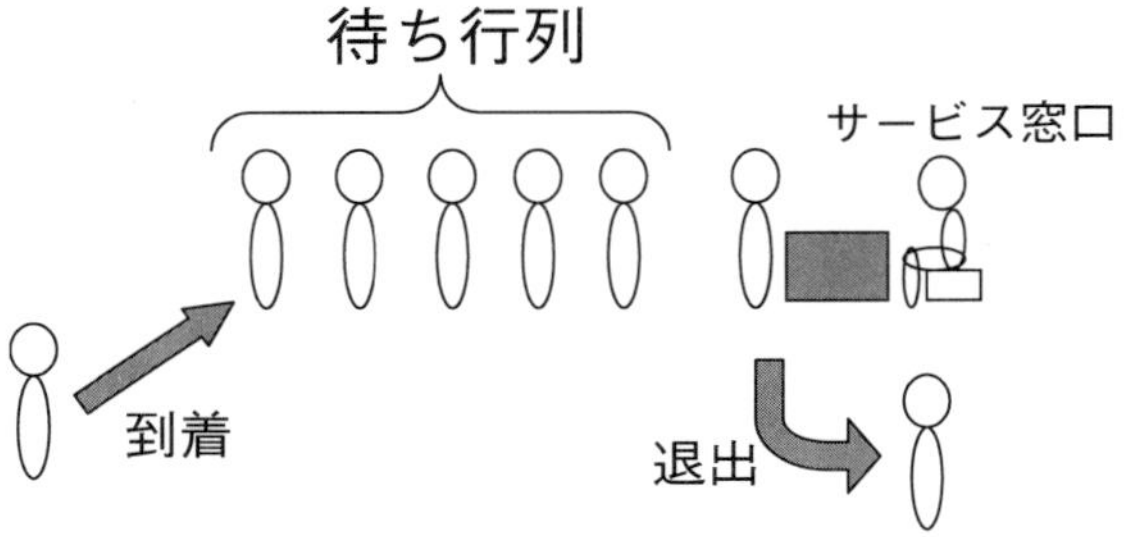


図７　待ち行列の概念図。到着した客はサービス窓口に並び、サービスを受けると退出してゆく。

この理論で最も重要な公式を紹介しよう。実は知っているると日常生活でも便利な式だ。それは「リトルの公式」といわれているもので、

待ち時間 × 人の到着率 ＝ 待ち人数

というものだ。たとえばあるお店のカウンターで、客が順番待ちで並んでいる状況を想像していただきたい。到着してから自分の番が来るまで何分待つのかが「待ち時間」、1分間に自分の後ろに新たに何人来るのかが「人の到着率」、そしてカウンターの前に並んで待っている総数が「待ち人数」である〈図７〉。

初めて見るとすぐにはピンとこないために不思議な公式に見えるが、よく考えるとある意味で当たり前の式ともいえる。たとえば、人気の回転寿司屋があるとする。お昼時は1分間に大体お客さんが平均して二人来るとし、さらにいつも20人程度待っているとする。そのようなお店に入ると寿司を食べるまでに何分かかるだろうか。そ

れは公式より、「待ち時間＝待ち人数÷人の到着率」なので、20÷2＝10分間待つことになるのだ。よく私は混んでいる店に入ると、待っている間はヒマなので実はこの計算をして楽しんでいる。その他、高速道路の料金所での待っている車の台数などにも応用できる。

もちろんこの式が成り立つには条件が必要である。それは常に待ち人数があまり変わらないというものだ。客足が途絶えないような人気のお店では本当によく成り立つ。つまり支払いを終えて減った分だけまた人がどんどん来て、全体として待ち人数があまり変わらないような状況ではかなり一般的に成り立つ、非常に強力な公式である。

どうしても気持ちが悪いという人のためにこの公式の直感的な説明をしておこう。待ち人数が変わらない、というのは、ある人が待ち行列の最後尾に到着してからしばらく待ってやっと自分の番が来たときに後ろを振り返るとまた自分が来たときと同じだけの人がいる、ということだ。そうならば、自分が待っていた時間に1分あたりに来る客の人数をかけたのが待ち人数になるのは納得できる。

## 待ち行列の理論と渋滞学のちがい

さて、待ち行列理論で渋滞のことがすべてわかるのかというと、もちろんそんなことはない。この理論には考慮されていないことがある。それは本書で重要視している「人の実際の動き」である。人は他人とぶつからないようにして動く。そして列の前にいる人が止まっていれば自分も動けない。しかしリトルの公式にはこのような「排除体積効果」は入っておらず、人の移動は十分速やかだと仮定している。いわばところてんのように後ろから押されて全体が一気に動くという待ち行列のイメージだ。

しかし、ＡＳＥＰはこれとは違う。ちゃんと自己駆動粒子そのものの動きと排除体積効果を考慮した渋滞モデルなのだ。したがってＡＳＥＰではより複雑な動きまで考慮している分、現実の動きに近くなるが、そのため理論解析が複雑になってくる。しかし１９９３年に厳密に解けることがわかって以来、リトルの公式の補正などもできるようになってきた。

本書の渋滞学の方法論である、自己駆動粒子系としての扱いは、車や人の排除体積効果を考慮しなければならないときに本質的に重要になってくる。そしてそれは様々な重要な局面――たとえば建物からの人の避難の様子の詳細、車の合流や車線変更などの振る舞いなど――に関係している。このような現象はこれまでの理論では扱いが困難なものであるためあまり研究は進んでいない。そういった意味でＡＳＥＰを基礎とした自己駆動粒子系の渋滞学はこれからの分野なのだ。

この新しい渋滞学は物理学や数学の学問分野とも横断的に関連している。流体力学や統計力学との関連は既に述べたとおりだが、統計力学に関してもう少し補っておこう。ＡＳＥＰは自己駆動粒子を扱っているために常に粒子の流れがあり、このような状態を「非平衡《ひへいこう》状態」と呼ぶ。これとは逆に粒子の流れのない状態は「平衡状態」といい、これは自分では動かないニュートン粒子の世界に相当する。自己駆動粒子は生きているので常に流れがあり、逆に平衡状態とは死の世界だ。これまでの統計力学は、動きが止まっている気体などを相手にしていたため、平衡統計力学といわれるが、このASEPのような流れがある対象を扱う非平衡統計力学は極めて難しいために研究が進んでおらず、まさに現代物理学の最先端の研究テーマの一つだ。したがって性質の良いASEPは非平衡統計力学の理解への大きな足がかりになると考えられる。

そしてこれはまた「確率過程」という数学の分野とも密接に関係している。これは、確率で時間変化してゆくシステムの状態を調べる学問で、たとえば応用として時々刻々変化する株価の変動を予測する手法などが近年盛んに研究されている。これはあのアインシュタインが研究した「ブラウン運動」の理論が基盤となっており、ランダムに動くものの性質を研究する学問である。逆説的に聞こえるかもしれないが、ランダムに運動するという「規則」があると逆に解析がしやすくなるのだ。そして状態が将来どうなるかはこの確率過程論によって長時間経過後の振る舞いを調べればよい。ASEPにおいてはこれまで述べてきたとおり、長時間経過後にどのような状態になるかは完全に解かれている。こういった意味で、ASEPを「解ける確率過程」、あるいは「可解確率過程」と呼ぶ。

## セルオートマトン法

人や車は道の上を「連続的」に動くわけだが、ASEPでは玉は箱から箱へ移動しており、つまり「離散的」に動くようなモデル化をしていることに注意してほしい。このような手法は近年多くの分野で見られるようになった、セルオートマトン法といわれる新しいモデル化の手法の一つなのだ。セルオートマトン法は特に複雑な対象を簡素化して考えるときによく用いられ、またコンピュータでシミュレーションしやすいため、物理学だけでなく経済学や心理学の研究にも使われ始めている。

要するに世の中をデジタル的に扱うもので、連続、つまりアナログで動いているものをデジタルで近似して表現する考え方だ。このようなことが可能なのかと疑問に思われるかもしれないが、たとえばテレビやパソコンのブラウン管は小さな発光素子がぎっしりと並んでおり、これを次々と光らせることにより遠くから見るとなめらかに動いているように見える。この発光素子がちょっと大きくなったテレビを想像するとよい。そのような場合でもうまく順番に光らせることにより、細かい動きは無理かもしれないが、現実を大雑把に模擬するような動きを作り出すのは可能だろう。この発光素子、あるいは箱のような離散的な単位を「セル」(細胞)といい、このセルの集まりの上を粒子たちをルールにしたがってゾロゾロと動かすのがセルオートマトン法である。オートマトンとは、むりやり直訳すると「自動機械」だが、粒子をまるで機械のように、ある決まったルールで動かすことから名づけられた。その動かすルールさえうまく与えることができれば、複雑な対象の運動を大雑把に把握するときにかなり強力な道具となる。さらに詳細が知りたい場合は、状況に応じてセルを細かくとったり、ルールを複雑なものにしてゆけばよい。

ちなみにセルオートマトン法ではよく0と1だけで世界を表現する。ASEPでも玉の入っ

| | |
|---|---|
| $t$ | 0 1 0 1 1 0 1 0 1 1 1 0 0 1 0 1 0 0 0 0 |
| $t+1$ | 0 0 1 1 0 1 0 1 1 1 0 1 0 0 1 0 1 0 0 0 |
| $t+2$ | 0 0 1 0 1 0 1 1 1 0 1 0 1 0 0 1 0 1 0 0 |

図８　０と１で表した場合のＡＳＥＰ。空箱を０、玉が入っている箱を１とする。１の右側が０ならばそれは移動できるが、１ならば移動できない。

ている箱を1、空箱を0とおくと、ただの0と1の集まりになり、1が右に動いてゆくモデルとして表すことができる〈図8〉。

　このように粒子を1で表し、粒子がないところを0として1が動くルールをいろいろ設定することで様々な現象を表してみよう、というのがセルオートマトン法の最も重要な考えだ。ルールを設定して現象を調べてゆくので、「ルールベース的な手法」とも形容される。

　とても簡単そうだが、何だか科学としてはいい加減な感じがするのも事実である。しかしここ10年の研究でわかったことは、この0と1の世界は十分複雑な現象を記述することができて、かつ現在の微分積分を土台とする精密科学にも匹敵するほどの威力があるということだ。そのうち微分積分と並んで新しくセルオートマトンの科目が中学や高校で誕生するのではないかと私は思っている。本書で主に用いるＡＳＥＰは、このセルオートマトン法の一種であり、その威力をこれから十分に解説してゆこう。

**第1章の要点**

①車や人、生物などは一般にニュートンの3法則を満たさない。このような対象を「自己駆動粒子」系と呼ぶ。

②本書では「自己駆動粒子」の集団現象をASEPを基礎にして考えてゆく。

③集団現象の例として渋滞が挙げられるが、渋滞は臨界密度以上に粒子が増えると発生する現象である。

④ASEPは自己駆動する性質と排除体積効果の二つを考慮した単純な離散モデルである。そしてその相転移の臨界密度は2分の1であり、これは数学で厳密に示される。

⑤ASEPはセルオートマトン法の中の一つの性質の良いモデルである。車や人など様々な粒子の動きはこのセルオートマトンのルールをうまく設定することで扱ってゆくことができる。

# 第2章　車の渋滞はなぜ起きるのか

## ETCの課題

毎年、お盆や年末年始には高速道路は大渋滞している。ニュースで渋滞50㎞などと聞くと、そのまま車を捨てて歩いてゆく方が速いのではないかとさえ思えてくる。

道路での交通渋滞による経済損失は、年間およそ12兆円といわれている。これは渋滞による物流の遅延などから生じるさまざまな影響を国土交通省が算出したものであり、日本の国家予算の7分の1にも相当する莫大な額だ。車の渋滞とひと口にいっても、高速道路と信号機のある一般道路とでは性質がだいぶ異なるので、まずは高速道路についてその渋滞を考察してゆこう。

〈図1〉が高速道路の渋滞原因について調べた結果である。これは東日本にある高速道路についての平成17年度のデータであるが、第1位は「サグ部・上り坂」となっている。これについては後に詳しく考察するとして、まず気がついて欲しいのは「料金所」がたったの4％ということだ。私は渋滞研究を本格的に始めた8年前のデータをはっきりと覚えているが、当時の第

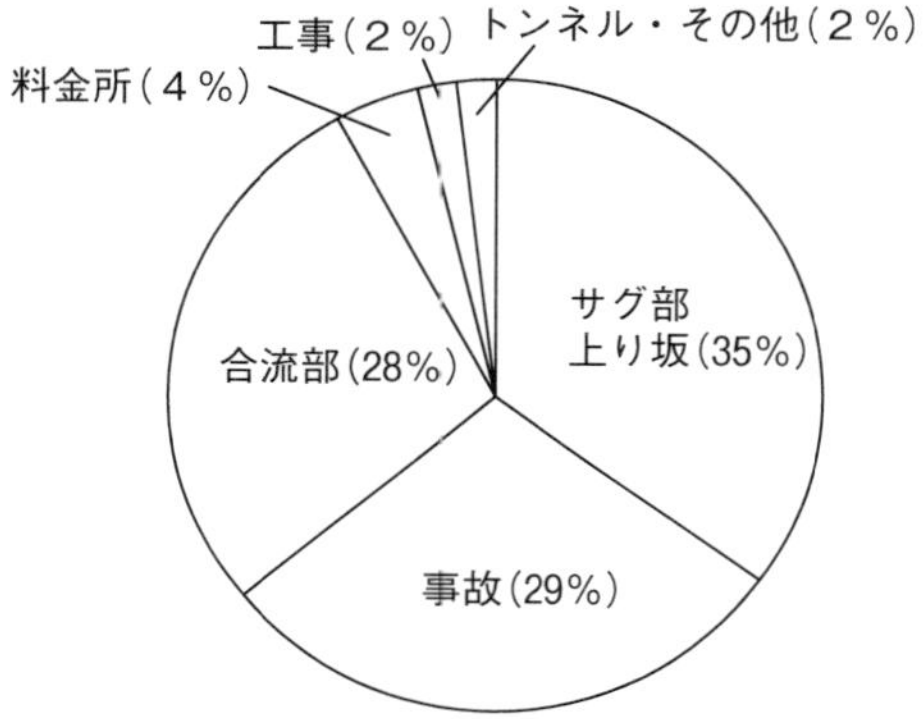


図１　平成17年度の東日本の高速道路での渋滞原因（東日本高速道路株式会社調べ）。１位はサグ部の自然渋滞となっている。東日本はトンネルが少ないため、トンネル渋滞の割合が小さくなっている。

１位は料金所で、全体の30％を占めていた。それがここ数年で料金所渋滞はだいぶ緩和されたことがわかる。これはもちろんノンストップで料金所の通り抜けができるＥＴＣの導入のおかげである。

ＥＴＣを搭載している車は平成17年12月現在で約１０００万台にのぼり、実際に高速道路を走っている車でＥＴＣを利用している割合はついに50％を超えて約55％になった。つまり2台に１台はＥＴＣゲートを利用していることになる。平成13年3月より運用がスタートしてから4年半でかなり普及してきたといえる。そして図にあるように実際に料金所での渋滞はかなり緩和された。

しかしＥＴＣにはまだまだ問題点がある。まず、ＥＴＣの費用に関しては、助成金が１台あたり５２５０円支出されるにもかかわらず個人負担は２万～５万円と高額だ。そのためこれから新規に導入することに躊躇している人も多い。さらなる普及のためには、今後少なくとも新車には製造段階からETC搭載を義務づけることが有効だろう。

しかし実は私は価格よりもっと大きな問題があると考えている。それは、ETCゲート通過時の速度の問題だ。通過時のセンサーの読み取り感度や開閉バーの関係上、ゲート通過速度は時速20㎞以下が推奨されている。確かにノンストップだが、たとえば時速80㎞で流れていたところを時速20㎞に絞ったら、やはりその減速は交通流全体に悪影響を及ぼすだろう。これは料金所でのゲート数を増やすことである程度埋め合わせ可能ではある。現在のシステムでは確かにこの減速は止むを得ないが、開閉バーがなくてもそのゲートの狭さによって、やはり時速80㎞でそのまま通過するのは無理がある。ゲート設置が運転手に与える心理的圧迫感はとても大きく、これはトンネル入り口付近で見られる渋滞とも共通している。

先日、ETC専用ゲートが一つしかないある常磐道の出口で、皮肉ともいえる渋滞に巻き込まれた。それは、ETCゲートの読み取りミスか車の不調かわからないが、ゲートが開かないために、ある車がゲート内でストップしてしまい、後ろに何十台もETCを通過しようとする車の列ができてしまったのだ。逆にふつうのETCでないゲートでは待つ車もなく、皆スイスイと料金所を通過している。このようなトラブルは起きてはいけないことである。このようにETCのシステムにはまだまだ課題が多く残されている。

## わけのわからない渋滞

渋滞原因の第1位である「サグ部」とはどのようなところだろうか。あまり日常では聞き慣れない言葉だが、英語の辞書によればsagとは、棚などの真ん中の部分が重みで「たわむ」という意味だ。確かに長い間たくさんの本を置いておくと木の棚は少したわんでくるが、そのゆるやかにたわんだような状態の道を「サグ部」という。具体的には100m進むと1m上昇または下降しているぐらいの坂道がサグ部で、このぐらいの坂道はふつう運転していてもなかなか気がつかない。しかしその気がつかないことが大問題なのである。皆さんにはこんな経験はないだろうか。運転していていつの間にか渋滞に巻き込まれて、またいつの間にか渋滞から抜け出てしまった。渋滞から出ても運転手には結局原因が何だったのかまったくわからないという、狐につままれたような渋滞だ。

ふつうは、渋滞から抜け出るときにそこに事故車や道路工事があって車線が減少していた、というような原因のはっきりわかるものが多い。確かに〈図1〉によればその割合は約30%もある。

しかしサグ部の渋滞はそれとははっきり異なり、明らかな原因が見えない。それゆえ自然渋滞といわれる。このサグ部での渋滞こそ、本書の中心テーマである「自己駆動粒子」系が作り出す物理的現象といえるものなのだ。サグ部において本質的なことは、緩やかな上り坂の存在である。

## サグとは気づかない坂道

ゆるやかな上り坂に車がさしかかると、運転手は上り坂だとは気がつかずにアクセルはそのままで走ろうとするので、少しずつスピードが落ちてくる。ある程度スピードが落ちてくると、「あ、ここは上り坂か」と気がついてアクセルペダルを少し踏み込む。しかし時既に遅し。もしも後ろに車が続いていれば、それらの車との車間距離はどんどん詰まってきてしまう。さらにもしその上り坂の手前が気づかない程の下り坂であればなおさら後続車は迫ってくる。車間距離が縮まると、後続車はブレーキを踏んで減速しようとし、それが後ろの車に波及してさらに強くブレーキを踏ませる。

このようにある車が減速したところで、後ろの車が気づいて少し減速し、そのまた後ろの車はさらに大きく減速し、それが次々と後続車に伝わってゆく。初めの人のブレーキはほんのわずかでも、そのブレーキを踏む強さはどんどん大きくなって後ろに伝わっていってしまうのだ。こうした連鎖反応を通して、もしも後ろに多くの車が連なって走っていれば何十台か後の車はストップしてしまうだろう〈図2〉。

もちろん車間距離が十分大きければ、前方を走る車の減速は後続車にまったく影響を及ぼさない。つまり、このような連鎖反応が起きるのは、車間距離がある程度短いような密集した車の集団がサグに入ってくる場合である。そしてこの連鎖反応が起こるか起こらないかのギリギリの車間距離まで詰まった状態こそが「渋滞相転移」の「臨界状態」に対応している。

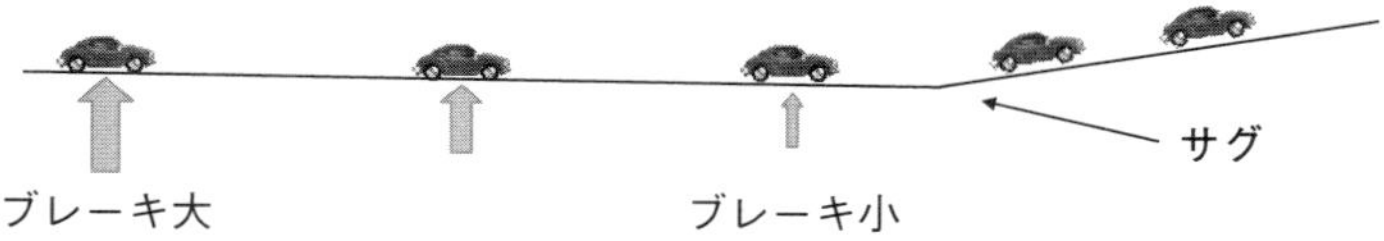


図２　サグ部と減速の伝播の様子と自然渋滞。サグ部は気がつかないほどの坂道であり、後続の車のブレーキの程度はより大きくなり、後ろへ連鎖的に増幅されて伝わってゆく。

このギリギリの車間距離は、普通の高速道路の場合、およそ40mぐらいであることがわかっている。つまり、臨界密度でいえば、１kmあたり約25台、ということになる。高速道路ではたまに車間距離確認用の50m、１００mの看板が立っているので、この臨界密度がどれぐらいかイメージできるだろう。前の車との距離が40m以下で走行しなくてはならない状況のとき、我々は渋滞に巻き込まれているのだ。

それではこのサグ部での渋滞はどうしたらなくなるのだろうか。たまに「渋滞注意、ここは上り坂！」という看板が立っているのに気がつく人もいるだろう。これは運転手にここがサグであることを意識させ、アクセルを少し踏ませて減速を回避するための作戦だ。ちいさな看板だがこれは渋滞解消には大きな効果があると考えられている。しかしもっと大切なのは、道を作る際にしっかりと土地の高低差の調査をして、サグを作らないことである。

とにかく利用客は高いお金を支払って高速道路を使っているのだ。もしも渋滞に巻き込まれてほとんど動けないときは、サービスが提供できなかったということで遅延の分に応じてお金が戻ってくるようなシステムならばまだ許せるのだが、そのような話はどの国でも聞いたことがない。ドイツなど海外では高速道路は無料になっているところも多いが、無料であっても道路が渋滞していてはまったく意味がない。

したがって無料ではなく、遅延による払い戻しシステムを採用するのは、道路サービス提供側の渋滞解消への努力目標にもなるので、結構良いアイディアなのではないかと私は考えている。鉄道交通ではそのようなシステムがある。2時間以上の遅延ならば特急・急行券の分は全額払い戻しだ。渋滞による2時間以上の遅れなど、混雑時の高速道路では当たり前のようになっている。そこに道路サービス提供側がアグラをかいていれば、真剣な渋滞解決への道は遠い。

しかし、道路交通ではまだまだそのようなシステムの実現は難しいのも納得できる。その理由は、やはり道路交通は鉄道に比べ全体の流れのコントロールが困難で所要時間の予測が難しいことが挙げられるだろう。そのためにも精密な科学による道路交通の研究は大変重要なのである。

## 研究の切り札となる基本図

ここで今後重要になる「基本図」といわれるものについて説明しよう。この図は交通の流れの分析で大変重要で基本的な役割を果たすため、基本図という名称がついている。そしてこれにより様々な有益な情報が引き出せるため、本書で扱う新しい渋滞学でも中心的な役割を果たす。また車だけでなく、人やアリなど様々な自己駆動粒子の流れでも同様な図を考えることができ、お互いの渋滞の様子の比較にも使えて大変便利なものだ。

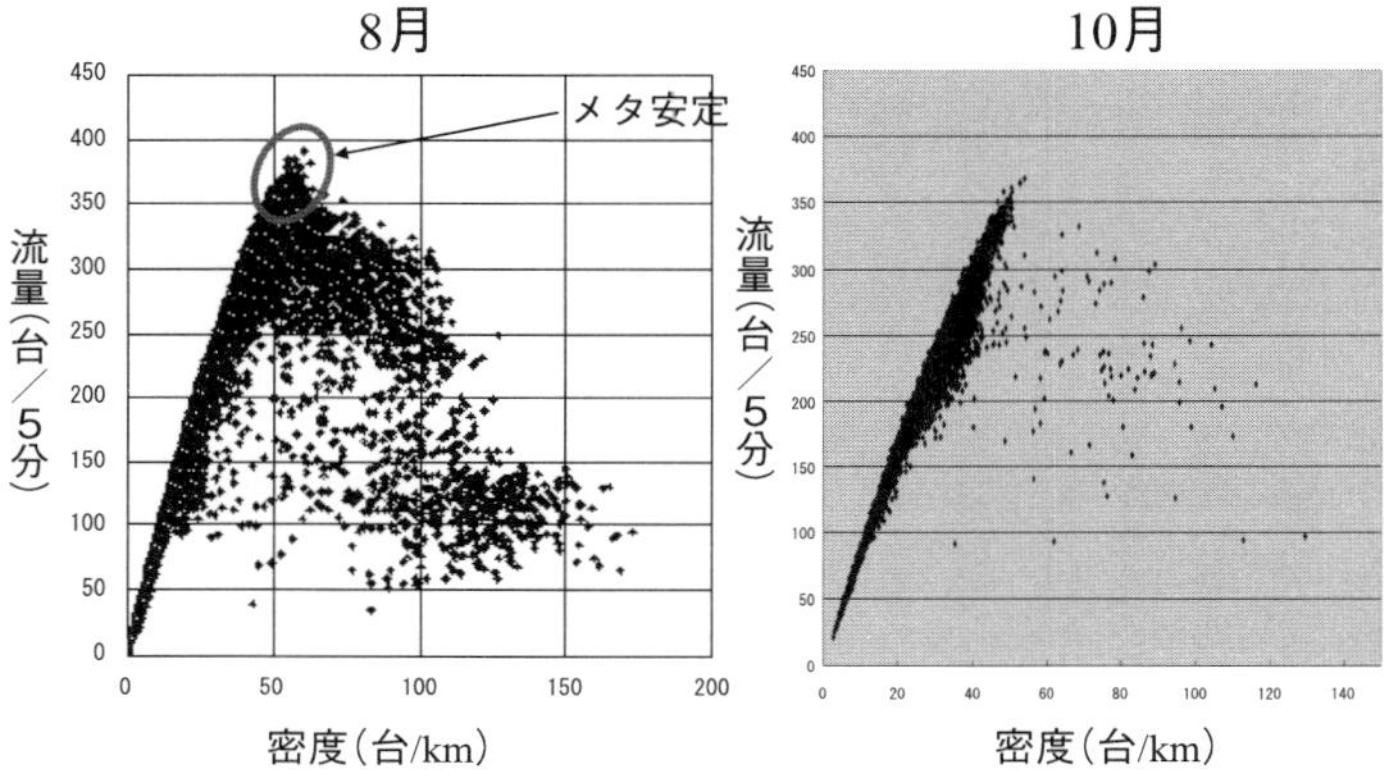


図3　基本図の例（東名高速道路、静岡県焼津市付近）。左が渋滞している８月頃の１カ月のデータ。右が渋滞がほとんどないときのデータ。左図で丸く囲んだ部分がメタ安定状態の交通流になっている。（旧・道路公団　データ提供）

基本図とはひと言でいえば、縦軸に交通流量、横軸に交通密度をとって描いた図である。横軸の密度とは、その地点の付近1kmあたり何台の車がいるか、というものだ。そして流量とは、その地点を5分間に通過する車の総台数である。

〈図3〉に東名高速道路の静岡県焼津市付近における実際のデータをのせた。これは道路のある地点で5分毎の流量と密度をセンサーで測定して点を一つ打ち、それを1カ月分続けて作った図で、合計約8600個の点が打ってある。また、図のデータは2車線合計の値になっており、密度も流量も1車線の場合のほぼ倍の値になっていると考えてよい。

左図はお盆の渋滞の様子をとらえた図で、右図は渋滞のほとんどないある年の10月のデータである。この二つを比べてみると、左半分は似ているが、右半分はまったく異なることに気がつく。つまり渋滞がないと右半分に点が現れないことがわかる。横軸が車の密度を表しているので、密度の高い状態は渋滞がなければ現れないことはすぐに納得できるだろう。

密度が低い、つまり渋滞していない左半分のところのデータはどちらもほぼ同じで、すっと右上に伸びている直線状のデータとなって現れている。この理由を考えてみよう。自由に走っている車の数が多くなればなるほどある地点のセンサーの上を通過する車の数も増える。自由走行の車の数が倍になれば、皆が同じ速度だとすれば5分間にセンサーを通過する台数もきっちり倍になる。つまり低密度の領域では、車の密度と流量は比例するのだ。これが自由走行相では基本図が直線になる理由である。

ここで注意したいのは、自由走行のときの車はお互い邪魔されないために、皆ほぼ同じような最高速度で走っている、ということだ。そして図の直線の傾きが実は車の平均的な自由走行の速度を表している。この速度を図より読み取るとおよそ時速84㎞となる。したがって、運転手は平均的には法定最高速度の時速100㎞以内でちゃんと走っていることがわかる。もちろんこの速度にはばらつきがあり、そのため完全な直線ではなく少し膨らんだ線になっている。

ちなみに私はドイツの高速道路(アウトバーン)のデータも分析したことがあるが、自由走行相の傾きは時速130㎞ぐらいのときもあった。アウトバーンは通常は速度制限がないのだが、この平均速度には驚いた。そして実際に私はアウトバーンを走る友人の車に何度も同乗したことがあるが、傍らを時速200kmぐらいで弾丸のように通り過ぎてゆく車には本当に度肝を抜かれた。それはバックミラーに小さく見えていた車が次の瞬間に隣にいるような感じだ。下手に車線変更をしていたら大事故になっている。怖くてとても自分では運転できないと思った。

## 車間距離40m以下で渋滞は発生する

さて、次は図の渋滞側に目を向けてみよう。渋滞してくると右半分の高密度側にデータ点が出現してくる。渋滞しているときにはあまり車は動けないので、センサーを通過できる車の数はどんどん減ってゆき、またどんどん密度が高くなるため、結局全体として右下がりにデータ点が分布してくることがわかる。また、ひどい渋滞に巻き込まれると車は動いたり止まったりするので、基本図の点はだいぶちらばって複雑になってくる。

つまり、まとめると自由走行相は右上がりの直線、渋滞相は右下がりの広がったデータ分布を示し、ちょうど渋滞が起きるところはこの右上がりが右下がりに変わるところである。ここが渋滞への相転移で、〈図3〉を見ると臨界密度は大体1km当り50台と読み取れる。このデータは2車線の高速道路の合計の密度を表していたので、1車線で1kmあたり約25台というのが臨界密度ということになる。つまり、車間距離でいえば大体40m以下になったときが渋滞、というわけだ。このように基本図を描けば臨界密度が読み取れるので、どのあたりから渋滞と呼ぶか、というのをちゃんと定めることができる。

興味深いのは、この40ｍというのは、自由走行している車が急ブレーキを踏んでギリギリ止まれる制動距離にほぼ等しい、ということだ。つまりこれ以上近づくと、前の車が止まったときに急ブレーキを踏んでも衝突してしまう。どうもこの臨界密度はこのような制動距離とも関わっているらしい。もしそうだとすると、危険を察知できる人間の不思議な能力を感じる話である。

では自由走行から渋滞への相転移はどのように起きるのだろうか。〈図3〉左図をさらに細かく見ると、自由走行相が微妙に突き出ていることがわかる。丸で囲んだ部分がそれだ。全体として右上がりの部分と右下がりの部分と突き出た部分とで、漢字の「人」の形をしているので、「基本図は人型である」とよくいわれる。海外ではもちろん漢字がないので、逆ラムダ型（ギリシャ文字のλの左右をひっくりかえした形）といわれている。そしてこの突き出た部分を「メタ安定」部分と呼んでいる。実はこのメタ安定という状態の理解こそが自然渋滞発生のメカニズムを考える上で最も大切なのだ。

その解説の前に、この基本図は実際にどのようにして得られるのかをもう少し詳しく説明しよう。それがわかればこの図の理解も深まるだろう。

高速道路を管轄する各地域の高速道路株式会社（旧・日本道路公団）は、高速道路を作るときに、あらかじめ道路の下に約２㎞おきにループコイルと呼ばれるセンサーを埋め込んでいる。そしてその各センサーは、７ｍ離れた２個ペアで構成されており、その上を通過する車の数と平均速度を5分間隔で自動的に計測できるようになっている。

各高速道路は、そのデータをもとに渋滞情報などをリアルタイムで電光掲示板に表示し、運転者への渋滞情報提供のサービスを行なっている。実際に測定されている主要な生データは、交通流量と平均速度だ。交通流量はある地点で二つ埋められているループコイルのうち、上流側のものを5分間に通過する車の総数で定義され、「断面交通量」ともいわれる。そしてループコイルは7m離れてもう一つあるため、その通過時間の差から車の速度も同時に割り出せる。そして、5分間の平均速度が計算されて流量とともにコンピュータに出力される。そして実はこの二つがわかれば大体の交通密度を計算することができる。それは公式、

平均速度 × 交通密度 ＝ 交通流量

を用いる。これはまさに流量が密度に比例するという直線関係を表す式で、この直線の傾きが速度になっている、ということを表している。〈図3〉でいえば、前にも述べた右上がりの直線部分の傾きが速度になっている、ということを表す関係式だ。

この公式を直感的に理解するには、すべての車が等間隔で同じ速度で走っている状況を想像するとよい。たとえば100m間隔で何台もの車が同じ時速60㎞で走っている場合、密度は1㎞あたりに10台であり、平均速度はもちろん時速60㎞だ。このとき公式より交通流量はこれらをかけて1時間あたり600台となるが、これはある地点に1時間じっと立って観測した車

の台数に等しい。なぜなら、時速60㎞の車は100mを通過するのに6秒かかるので、観測者は6秒ごとに1台の車を見るから1時間では合計600台見ることになるからだ。この公式は単純だが、強力である。渋滞学ではいろいろなところで活躍する大事な式である。

## 渋滞の直前に起きていること

いよいよ自由走行から渋滞になるメカニズムについて詳しく見てゆこう。この鍵を握るのが先に述べた「メタ安定」の存在である。これは日本語では「準安定」といわれているが、我々は慣例でメタ(meta)の部分だけ英語の接頭語を残している。メタ安定とはどのような状態なのだろうか。前に述べたとおり、車間距離が40m以下になっても相変わらず自由走行の時速80㎞ぐらいで走っているような状況がメタ安定だ。渋滞になってもおかしくない密度にもかかわらず、渋滞せずに自由走行相と同じ速さで動いているので、車群が車間距離をつめて高速走行しているかなり危ない状態である。

この状態で果たして人は長時間安心して運転できるだろうか。一部の運転に慣れた人はある程度可能かもしれないが、前の車のブレーキランプがついたら相当ドキッとする。下手に自分もブレーキを踏めば、後ろに迫っている車に追突されるかもしれない。したがってそのようなメタ安定状態は短い間ならば何らかの原因で発生しうるが、長続きはしない。事実、観測によるとこのメタ安定状態は通常は5分から10分程度の寿命しかなく、徐々に渋滞に変化してしまう。

図４　サーキット状態での自然渋滞実験。はじめは全ての車が時速30㎞で走行するメタ安定の流れだったが、約10分後に６台ぐらいが完全に停止するような渋滞流れに変化した。渋滞クラスターは進行方向と逆に時速約20㎞で後退してゆくことが分かった。
（協力：フジテレビ）

我々はこの事実を確かめるために実験を行なった。名古屋大学の杉山雄規《ゆうき》教授を中心に、日本の自己駆動粒子の研究者が集まって２００３年に実際の車でサーキット実験を企画した〈図4〉。半径37ｍの円状のコースを用意し、ここにまず22台の車を走らせた。これはこの実験状況での車の臨界密度に相当し、メタ安定の状態の流れと考えてよい。初めに車はすべて詰まった停止状態から出発し、危険がないように時速30㎞でほぼ等間隔になるようにうまくドライバーに走ってもらった。こうして人工的なメタ安定の流れを作ってその後の変化の様子を観測した。

実験の結果は、初めは何とか流れていた車も、約10分後には何台かの車が完全に停止する渋滞流れに変化したのだった。そして一度渋滞になってしまうと二度ともとの流れには戻らない。コース上には特に障害物などは存在しないため、これは車の流れが特に大きな原因がなくても、臨界密度で自然に不安定化し渋滞にいたる、ということを初めて実験的に示した大変意義深い結果である。こうして我々は、恐らく世界で初めてメタ安定が崩壊してできる自然渋滞の瞬間を目の当たりにしたのであった。

何らかの原因で短時間だけ出現する不安定な状態を統計物理学ではメタ安定状態、と呼んでいる。メタとはどういうニュアンスかというと、本来ある状態と違う状態、という感じだ。車の場合、本来もうちょっと車間距離が大きくなるか速度が遅くなれば安定な状態なのだが、そうでない仮の状態、という意味である。

これは、水が氷になるときや水蒸気になるときにも見られることで実はお馴染みの現象である。水は0℃で氷になり、100℃で水蒸気になるが、これが相転移である。このような相転移は、本当に厳密に0℃と100℃で起きるのだろうか。実はそんなことはなくて、様々な状況によってこの温度は変化する。温度がマイナス10度になっても氷にならない状況もあるし、100℃以上になっても沸騰しない状況もある。このように、たとえば0℃以下でも氷になっていない状態をメタ安定状態と呼び、本来は氷であるべき温度なので、これは水にとって不安定な状態だ。そして叩いたりするような何らかのきっかけで突然全体が氷に変化するようなことも起きる。

これを利用した手品を見たことがある。ビンにジュースを入れておいてその温度をうまく氷点下まで下げておく。そしてふたを開けるとその刺激で一気にジュースが凍りだすというものだ。それまで液体だったのが急に氷になるので見ている人はかなりびっくりする。

逆に温める方も同様で、静かにゆっくり熱を加えると100℃以上でも沸騰しない状態がつくれる。しかしこれはかなり危険な状態で、なんらかの振動などにより突沸《とつぷつ》が起きる。以前、ある主婦が料理中にこの現象に出会って、「味噌汁が爆発した」と言ったことでマスコミが取り上げ話題になったことがあった。これがまさに突沸現象で、何らかの原因で100℃以上に温めてしまうと、ふとしたきっかけで突然沸騰し始め、内部から大きな泡が噴出してくるので近くにいると大変危険である。

このようなメタ安定状態からの急変化は車の場合でいえば、メタ安定状態の走行で誰かがちょっとブレーキを踏んでしまい、ブレーキランプを見た後ろの車が慌てて減速したり車線変更をして連鎖反応を引き起こしてゆく様子に対応している。このメタ安定状態の崩壊は、水の場合と同じでほんのちょっとのきっかけで起きる。そして皆がうまく減速したりして衝突を回避し、結果としてすぐに全体が安全な走行状態になる。このいったん安定になった新しい状態がまさに渋滞相の始まりであり、自由走行相から渋滞相への変化は、一度このメタ安定状態を経て遷移してゆくのだ。もちろん0℃ちょうどで水が氷になる場合もあるのと同じで、はっきりとしたメタ安定を経由せずに渋滞になる場合もありうる。〈図3〉のデータでメタ安定がはっきりと見えにくいのは、その寿命が短いのと、いつも起きるわけではないためだ。

## 映画「スピード」でのメタ安定

メタ安定状態は、いわば卵の上にまた卵を載せたような不安定な状態で、些細な要因で崩壊してしまう。ふつうの車列の場合にはこのメタ安定状態を維持することは難しいが、物流の観点からすれば大量に高速で移動できるため、実現できればとても魅力的な状態である。そのためこの安定化の研究は近年盛んに行なわれている。不安定で危険な状態を安定に維持するためには、車同士が通信し合って車間距離に応じて素早くアクセルをコントロールしていかなければならない。そしてこの車群の走行を支援する総合的な道路システムによるバックアップも不可欠だ。この走行は「プラトーン走行」といわれており、実用化に向けて自動車会社などで研究がなされている。もともとは戦車などの軍隊の隊列が連なって移動することからきた言葉で、プラトーンとは、英語で「小隊」を意味する。

2005年に開催された愛知万博でも、会場内を走るバス3台がこのプラトーン走行の自動運転をし、平均時速20㎞で約20ｍの車間距離を保ったまま会場内で来場者を乗せて走っていた。その他、アメリカでの実験では、8台の乗用車で車間距離約6・4ｍを維持しながら、時速約100㎞まで出したという例もあるから驚きだ。

私はこれぐらいになると怖くてとても乗る気がしないし、その実験のためのプロのテストドライバーさえも怖がって乗りたくないと漏らしていたそうだ。その隊列に加わっているときの恐怖は、きっとキアヌ・リーヴス主演の映画「スピード」を見れば疑似体験できるのではないかと思う。この映画は、時速50マイル以下になると爆発するように仕掛けられたバスから乗客を救おうとするＳＷＡＴ隊員のスリルに満ちたアクションが見ものだ。ブレーキを踏めない車に乗っている怖さがひしひしと伝わってくるが、プラトーン走行を自分でコントロールするのはこのような状況に近いだろうと思う。

現在では、専用の道路を用意し、道路に埋められた磁気センサーと車に搭載された車間距離センサーの両方を用いて自動制御運転するシステムが研究されているが、確かに専用道路のみを走るのであれば実現の可能性は大きいだろう。

## 自然渋滞の他の原因

それではメタ安定が現れやすい道路とはどのようなところだろうか。人間は賢いのでちゃんと周囲の状況に気をつけて運転していれば、通常はメタ安定状態にはまってしまうことはない。しかし運転手が気づかないような変化のある場所が道路にはあり、この影響で一時的にメタ安定状態が出現することが考えられる。それがサグ部であることは既に述べた。ある密度以上の車群がサグ部に流れ込むと、サグによる速度低下が原因で臨界密度に達してしまい、ブレーキの連鎖反応を引き起こして結局渋滞してしまう。メタ安定の一時的な不安定な流れは、それがほんのわずかな部分で発生しても、連鎖反応により全体の流れを渋滞に変えてしまうほどの威力を持った、いわば「渋滞の種」なのだ。

車に対してサグと同じような影響を及ぼす場所として、カーブやトンネル、合流分岐部などが挙げられる。これらはもちろんサグのように振る舞うときもあるし、そうでない場合もあるので、すべてを同列には論じられないが、少し考察してみよう。

まず、カーブだが、誰でもカーブの手前ではある程度減速する。このときにもしも後続の車が車間を詰めて走っているならば、その減速の影響は同様に後続に伝播してゆくだろう。しかしサグ部とのちがいは、カーブであることは運転手には比較的わかりやすく、したがってメタ安定になるような不安定な流れはサグ部ほどは生じにくいと考えられる。つまりあらかじめ運転手は減速を予想して対応準備をしており、そのため車間距離を自然に詰めてしまって慌てるようなことは少ない。しかもカーブを抜ければちゃんともとの速度まで加速するので、カーブ出口が渋滞していなければサグのような渋滞は起こりにくいと考えられる。

しかし、カーブが見えづらい場所にあれば、後続車はそのままの速度を維持する可能性があり、渋滞は発生しやすくなる。さらにカーブの減速加速が適切でない車がいる場合も同様だ。また、カーブではたまに予期しないことも起きるため、それが予想以上の減速につながり渋滞になるケースもある。

たとえば、あるカーブのところでいつもきまって夕方に大渋滞が起こっていたという。その原因を調べてみると、実はカーブの出口方向が西向きになっていた。運転手は急にカーブの出口で西日を見てしまうために驚いて減速する。これはある意味でサグ部と同じで、やはり渋滞を引き起こしてしまう。

次にトンネルだが、これもその暗さや両側が閉ざされているという閉塞感などで心理的なプレッシャーがドライバーにかかり減速が発生する。人により程度の差はあるが、この減速が引き金になり、トンネル入り口を先頭に、その上流側の車間距離が詰まってゆくことはよく起きる。暗さに関しては、夜のトンネルでは昼のトンネルよりも渋滞が少ない、という報告もあり、やはり明から暗への変化は運転における大きな障害になっていることが考えられる。これに対しては、トンネル内に照明をつける工夫がなされているが、やはりそれでも減速は生じてしまうようだ。トンネルでは閉塞感の方が強いのかもしれない。

また、トンネルでの渋滞は様々な要因が複合している場合があり、たとえばトンネル内部がサグになっている例もある。これはトンネル内に水がたまらないようにわざとわずかに中央を盛り上げて道を通すこともあるからだ。そうすると入り口側は、渋滞しやすくなるので、この意味でもトンネル内でのアクセル操作は十分注意して減速がないようにしたい。

渋滞情報ではすっかりお馴染みの中央自動車道の小仏《こぼとけ》トンネルは、もともと峠につくられたトンネルであり、このトンネル内の坂道が渋滞原因だと考えられている。

閉塞感に関しては、トンネル入り口付近の渋滞緩和で興味深い実験の報告を聞いたことがある。それはトンネルの手前に小さなゲートをつける、というものだ。これによって、これから入る狭いトンネルに運転手を「慣れさせる」効果があるかもしれないという。トンネルで急に減速するのではなく、手前のゲートから運転手に自覚させて車間距離の調整がスムーズにできるようにする狙いだと思うが、大げさなゲートでなく、「この先トンネル」などという看板だけでも効果的なような気がする。ゲートを設置すると新たな閉塞感が生じるが、前に述べたETCゲートと同様に、側方《そくほう》に余裕のない閉塞感からやはり車は減速してしまうので、そのままでは流れの不安定化を招く可能性がある。ETCに関しては、臨界密度ギリギリでの車群が入ってきた場合は、少しのブレーキでも渋滞を招いてしまうので、ゲート数を増やすだけでなく将来は時速20kmまでの減速をしなくて済むようなシステムになるのが望ましい。たとえばゲートを取り去り、センサーを道路下に埋めて、その上を車が通過するだけで料金徴収が可能になるようなシステムはできないのだろうか。

## 混んでいるけど60kmで走れる

次に合流部における渋滞を考えてみよう。それまで安全な車間距離を保っていたところに、急に車が入ってくれば車間距離は短くなる。そしてこの一気に減少した車間距離によって、一時的にメタ安定状態が作られる可能性がある。これは車の増加を伴うため、サグとは異なるメカニズムだが、渋滞形成という観点から見れば似ている。メタ安定が合流部で発生し、後方に渋滞の波が連鎖反応のように増幅して伝わってゆくのだ。この合流部での渋滞回避については、もしも臨界密度まで本線の密度が上がった場合、合流規制をすればそこでの本線渋滞は避けられる。しかしいつもこのような入り口封鎖をしていては利用者から文句が出るのは必至だろう。

また近年の研究で、合流部上流の渋滞はとても興味深い性質があることがわかってきた。合流車線からたくさんの車が本線に流れ込んでできたメタ安定状態はすぐに上流方向へ成長して渋滞となってゆく。しかしよく観察すると合流部からわずかに上流の部分では、メタ安定のような状態のままで長時間、渋滞にはなっていない場合もあることがわかった。合流部からさらに上流に行けば確かに渋滞になっている様子が見えるのだが、合流部の少し上流にはメタ安定のような状態が長時間持続した流れが見られる場合がある。これまでの常識では、メタ安定状態の寿命は10分程度であったが、合流部上流ではそれが長続きするのである。

この部分の流れの様子は複雑でまだわかっていないことも多いが、渋滞解消に絡んで興味深い面があるのでもう少し詳しく見てゆこう。その流れは、流量は高いが値はこれまで見てきたメタ安定部分のものよりも少し小さくなっていると考えられている。〈図3〉左図でいえば、ちょうどマルの領域のすぐ右下のあたりで、少しデータ点が密集している領域に相当している。つまり臨界密度は少し越えた高密度状態だが、依然ある程度高い流量の状態がやや安定に維持されているような状態だ。それが合流部を起点にある長さだけ長時間存在しているのだ。この状態は、まだ特に呼び名が決まっているわけではないが、これまで述べてきたメタ安定状態よりは比較的安全で長持ちするので、「弱いメタ安定状態」と呼ぼう。

これは高速道路運転中に誰でも一度は経験があると思われるが、周囲はだいぶ混んでいるのに、速度計を見ると時速60㎞ぐらいでちゃんと流れているような状態だと考えられる。運転席から見た周囲の状態は渋滞のときの光景によく似ているのに、ちゃんと流れている。車間距離もある程度余裕があって、ちょっと誰かがブレーキを踏んでも急に渋滞に変わってしまうこともない。このような「遊び」があることがこれまで説明してきたメタ安定状態とは異なる点だ。

なぜこのような状態が生まれるのか考えてみよう。運転手は周囲が混んでくると、その状況に機敏に適応して、何とか減速せずに進めるように努力し、周囲の車とギリギリの駆け引きをしながら走行をしているのではないだろうか。基本図のマルの領域で示された、「最強の」メタ安定状態は極めて不安定で、長時間その状態を維持するのは不可能だ。その最強メタ安定状態には人間は耐えられないが、そこよりちょっと流量の低い「弱いメタ安定状態」ならば何とかより長く維持できるため、全体がその状態に移行してゆく。そしてその状態がつらくなるくらい混んでくると、もしかしたらさらに流量の低い、より弱いメタ安定走行に移行し、ということを繰り返し、最終的に完全な渋滞へと落ち込んでゆく、というシナリオが考えられる〈図5〉。

人間はなかなかしぶとくて、いくら混んできても渋滞にはさせないぞ、という意識が皆にあれば、この集団での渋滞回避への努力がある種の協調行動を生み出す可能性がある。そのためこのような多段階のメタ安定状態を経て最終的なひどい渋滞へと移行することは十分考えられる。

この考えが正しいかどうかは、データのさらなる詳細な分析をしなくてはわからない。しかし以下の講義で述べるモデルでは、このようなシナリオを支持する結果が得られている。実際に〈図5〉はあるセルオートマトンによるモデルで作った基本図を示したものであり、そのモデルでの車の渋滞形成の様子は、まさにこの多段階を経て流量が下がってゆく、というシナリオどおりになっている。

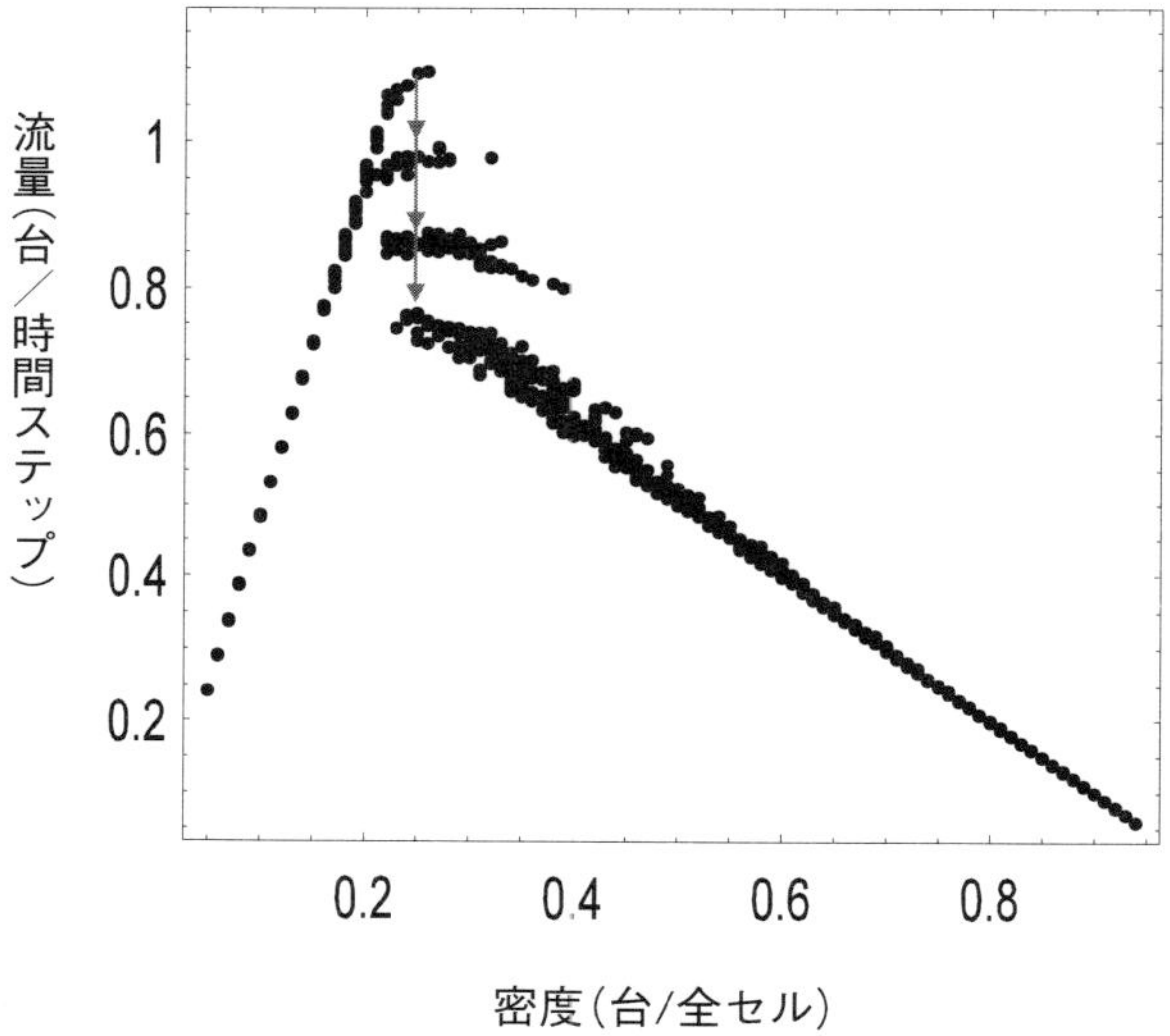


図5　渋滞への新しいシナリオ。多段階のメタ安定状態を経て最終状態の渋滞に落ち込んでゆくのではないか。

つまり相転移付近では、メタ安定状態は強弱いくつか存在する、ということだ。そして流量がより低いメタ安定状態ほど安定な持続時間は長くなってくる。私はこの結果は交通流研究において大変意義深いと考えている。近い将来、車群のプラトーン走行などのコントロールにも生かすことができるのではないだろうか。最強のメタ安定状態では私は怖くて車に乗りたくはないが、時速60㎞ぐらいの弱いメタ安定状態ならば我慢できるかもしれない。

## 2車線道路はどっちが得か

高速道路は、走行車線と追い越し車線の片側2車線以上になって

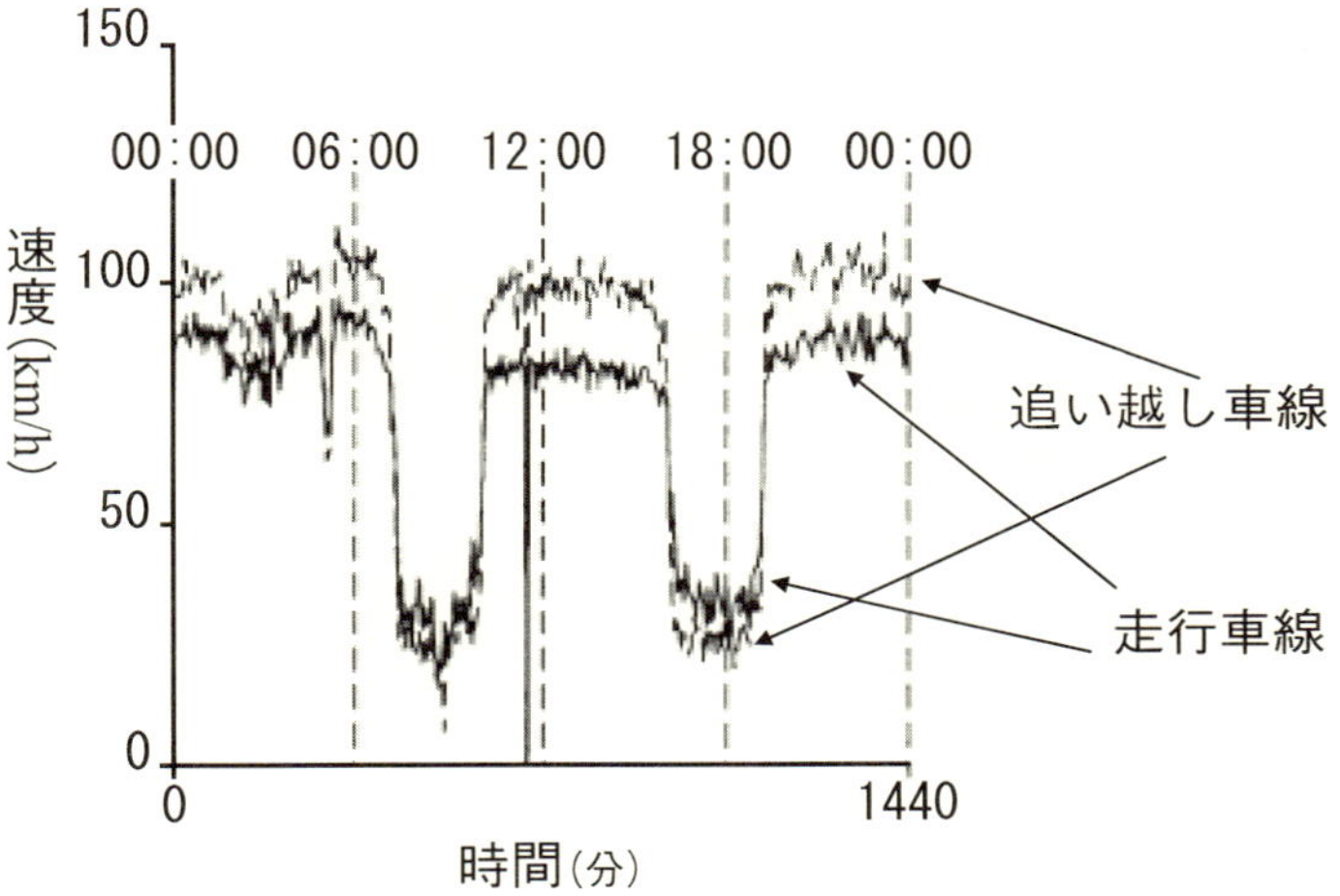


図6　2車線道路での車の平均速度の1日の変化の様子。渋滞しているときは追い越し車線の方が速度が遅くなっている。
（旧・道路公団　データ提供）

いるのがふつうだ。渋滞のときは2車線の状況はどのようになっているのかを調べたのが〈図6〉である。これはある高速道路で1日の平均速度の変化を車線ごとに見たものだが、どの高速道路でも大体同じようなものになっている。縦軸が平均速度、横軸が時間で0時から24時までの変化を示している。

　この図によれば、朝の7時ごろから10時過ぎと、夕方4時頃から7時過ぎの平均速度が時速30kmぐらいに落ち込んで渋滞している様子がわかる。それ以外の昼と夜の時間帯は追い越し車線が時速100km、走行車線は時速80km程度で快適に流れている。

　興味深いのは、よく見ると確かに

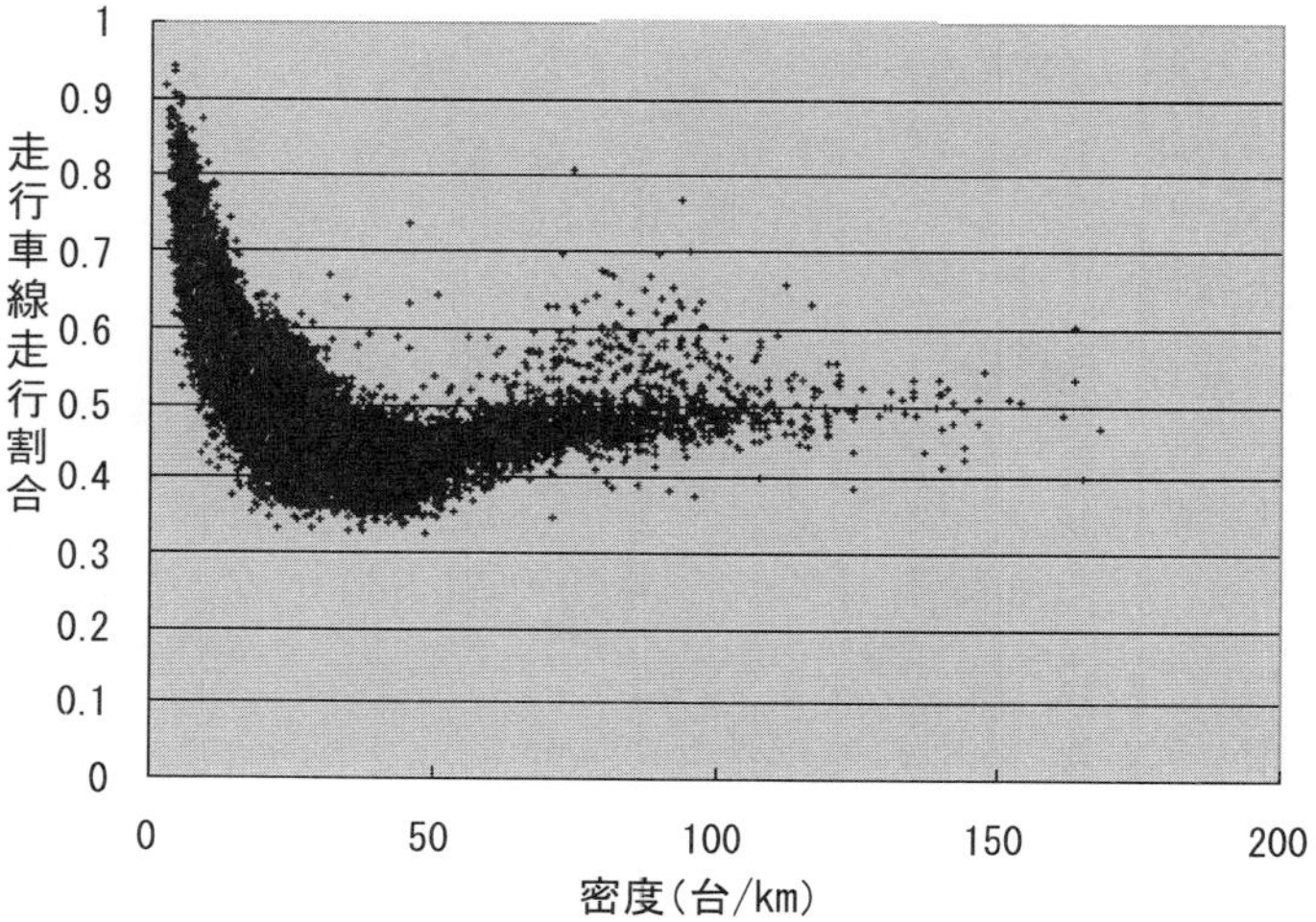


図７　２車線道路での逆転現象。渋滞になる前に車は追い越し車線の方に多く移動していることがわかる。（旧・道路公団　提供）

自由走行のときは追い越し車線の方が速いのだが、渋滞しているとわずかに走行車線の方が平均速度は速くなっているということだ。

これとあわせて〈図７〉も見てもらいたい。これは今まで説明してきた２車線合計の交通密度を横軸にとり、縦軸にはそのうち走行車線を走っている車の割合を示している。密度が低いうちは、交通法規にしたがってほぼすべての車は走行車線を走っていることがわかる。しかし、だんだん混んでくると５割を下回るようになる。つまり追い越し車線を走る車の数が走行車線よりも多くなる。これは比較的早くから起こり、図では大体１㎞あたり２車線合計で10台ぐらいから始まり、車間距離でいえばおよそ２００ｍだ。

臨界密度は2車線道路の場合、1kmあたり50台だったので、混雑するだいぶ前から追い越し車線の方で走ろうとして車線変更していることがわかる。そうなると追い越し車線の方が混んでくるわけで、この図からは混雑しているときは常に追い越し車線の方が車は多いことが見てとれる。したがって、前の〈図6〉で渋滞しているときに追い越し車線の方が速度が遅かった理由が納得できるだろう。

これも人間心理のなせる業で、車間距離が200mより短くなってくると、自分の速度をそのまま維持しようとして早めに車線変更し、追い越し車線を走るほうが良いと判断する。しかし皆が同じように行動すれば、結果として追い越し車線の方が混んできて速度が低下してしまうのだ。この結果だけからいえることは、混んできた場合は走行車線を走ったほうがよい、ということだ。実は長距離トラックの運転手はこのことを経験的に知っている。しかしこの結果を皆が知ってそのように振る舞ってしまってもまた意味がないため、本音をいえば、この結果は本書に書きたくなかったのだ。

車線数が3レーンの場合、まだあまり研究が進んでいないが、データを見ると渋滞する前から中央を走る車が最も多く、また一番右の追い越し車線を走る車の割合が車の増加につれてだんだん高くなってくる。そして臨界密度付近では一番左の走行車線を走る車が一番少ない、というのも分かっている。これらの結果から、とにかく我々は「速く行こう＝右へ」という無意識に近い判断をして運転していると思われる。

もちろん、これらはあくまでも統計的なデータであって、実際には様々な要因が交通状態には関係しているので常に周囲の状況を判断しながら運転することが大切である。実際、遅いトラックなどが追い越し車線をずっと走っていたり、逆に走行車線をバスが何台も連なって走っていたりすることもある。さらにこれまでは運転手や車の個性についてあまり述べていなかったが、皆同じようなアクセルやブレーキペダルの踏み方をするわけではないし、走行目的も車の性能も異なる。現実の交通流はこれらのことが総合的に影響しているのだ。しかし逆に臨界密度など基本的な統計的性質はこれらの影響をあまり受けないことも忘れてはいけない。本書の理論で主に考察の対象にするのは、この個性によらない普遍的な交通流の性質なのである。

## ゆっくり走れば青信号

さて、これまで高速道路の渋滞についていろいろ考えてきたが、次に信号のある都市交通について見てゆこう。信号の管轄は警察であり、信号機の赤や青のタイミングをどうするかはここで決められている。都市交通では信号機が交通の様子をほぼすべて決定してしまうので、これまで述べてきたようなメタ安定の議論はあまり意味がなくなる。なぜなら、信号のある道での基本図を見ればそれは一目瞭然で、メタ安定のあるあたりがごっそりと削り取られたような形をしているからだ〈図8〉。

この図は人型でもなく、むしろ台形に近い。メタ安定はなく、信号機の影響で高い流量の部分は削られて全体として低い流量になっている。そしてこの台形型は何か流れを妨げるようなものがあるときには、必ず現れるのだ。高速道路でも、交通事故や道路工事で車線が一時的に

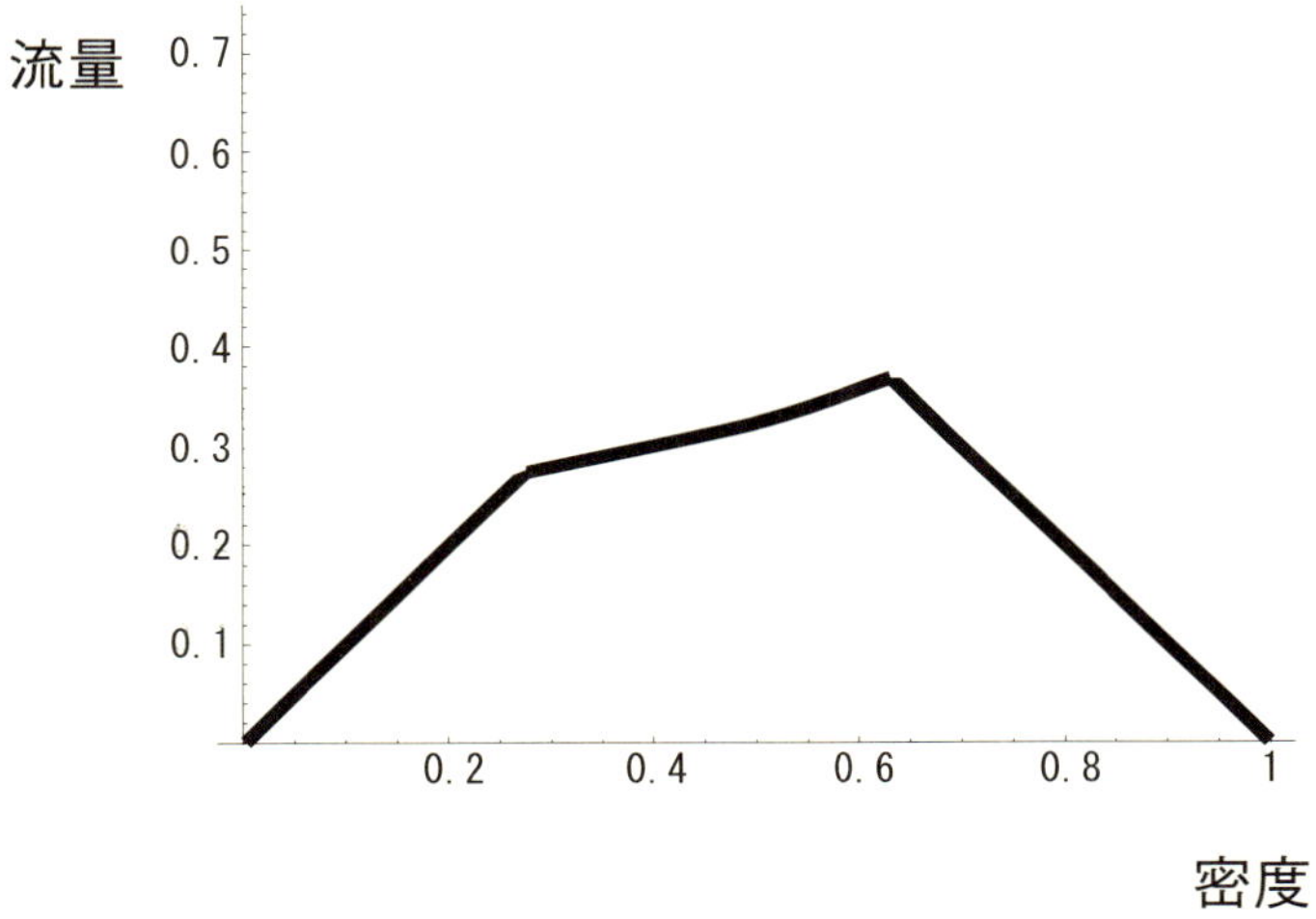


図８　信号機がある場合の基本図。信号のすぐ上流側での平均的な流れの様子。高流量部分がけずりとられた、いわゆる「ボトルネック型」をしている。

減っているときはこのような台形が現れることがある。このように流れをある場所で絞ってしまうようなものを「ボトルネック」と呼んでいる。

ボトルネックはまさにビンのくびれた部分のように流れを邪魔するような場所で、信号はその典型的な例だ。はっきりとした邪魔により流れがせき止められて起きる渋滞のときはこのボトルネック型の基本図になり、これまで見てきたように、気がつかないうちに徐々に車間距離が詰まってできるメタ安定が原因の渋滞は「人型」の基本図になる。

ボトルネック型で高い流量の部分がごっそりとなくなるのは、交通流量の最大値（交通容量という）がボトルネックにより抑えられ小さくなっていることに起因している。交通容量の上昇が道路交通における最大の目的であるので、ボトルネックによる交通容量の低下の定量的な見積もりや、その軽減方法は現在活発に研究されている。

ちなみにたくさんの車が赤信号で止められており、つぎに青信号になったときに前から順番に動き出すわけだが、このとき皆いっせいに動けば良いのに、と思ったことはないだろうか。皆で同時に動けば、青信号になった瞬間に後ろの方の車もすぐに動ける。しかしこれが実際にはかなり難しいのは、まさにこれがプラトーン走行になるからだ。

静止しているときの車間距離はおよそ4mだとすれば、車間距離4mのまま時速30㎞程度まで加速してゆくのはかなり危ないメタ安定状態で、とても無理そうだ。どうしてもそうしたければ道路ごと「動く車道」のようにベルト状に動いてゆくとか、車両同士を連結させて列車のように動かすしかないだろう。

ではこの青信号に変わったときに自分の動ける番になるまでにどれぐらいかかるだろうか。これを知るだけでも渋滞ストレスは少しは減るのではないかと思われる。実は止まっていた車の列の中を動ける状態がどんどん上流側に伝わってゆくときの速度はいつでも大体時速20㎞になることが知られている。つまり、毎秒約5・6mであり、車1台あたり静止時に前後のスペースも含めて平均8mの道路を占めていると考えると、多めに見積もって車1台あたり約1・5秒かかることになる。たとえば自分が信号機から10台目にいれば、約15秒以内には自分の発進の番になることになる。もちろんこれは静止状態での車間距離などによっていろいろ変化するが、車1台あたり1・5秒かかる、というのは記憶しておくと便利かもしれない。そしてこの時速20㎞というのは、基本図における渋滞側の負の傾きにも大体等しいのだ。46ページの〈図3〉で渋滞側の傾きを調べてみると、データ点が散らばっていて見づらいが、それを平均化して直線を引くことにより確かにほぼマイナス20㎞になっていることがわかる。また、ドイツのアウトバーンのデータでも調べてみたが、この速度は同じであったし、また52ページの〈図4〉で紹介した実験でも同じ値になった。どこでも普遍的にほぼこの値が観測されるのはとても興味深く、恐らく人間のアクセルペダルの反応速度などと密接に関係していると思われる。

さて、次に信号機がたくさんある道の流れを考えよう。このような状況では興味深い信号機制御が可能だ。それはスルーバンドといわれているもので、次にある信号との赤青のタイミングを調整して、ある速度で走る車だけノンストップで通り抜けられるようにしたものだ〈図9〉。次々に青信号が隣の信号へ波のように伝わってゆくので、グリーンウエーブともいわれている（青信号は英語ではグリーン・ライトという）。これは直線が続く道路で、しかもほぼ等間隔に信号機が設置されているようなところに使われていることが多い。違反速度で速く通り抜けてゆこうとする車は赤信号でかならず引っかかるようにしてしまうもので、結局速く走っても、ゆっくり走ってきた車と変わらないという仕組みだ。自分がよく赤信号にひっかかると思う人はこの仕組みが働いているかもしれないので、逆に速度を落としてみると結果として速く通り抜けできる可能性がある。

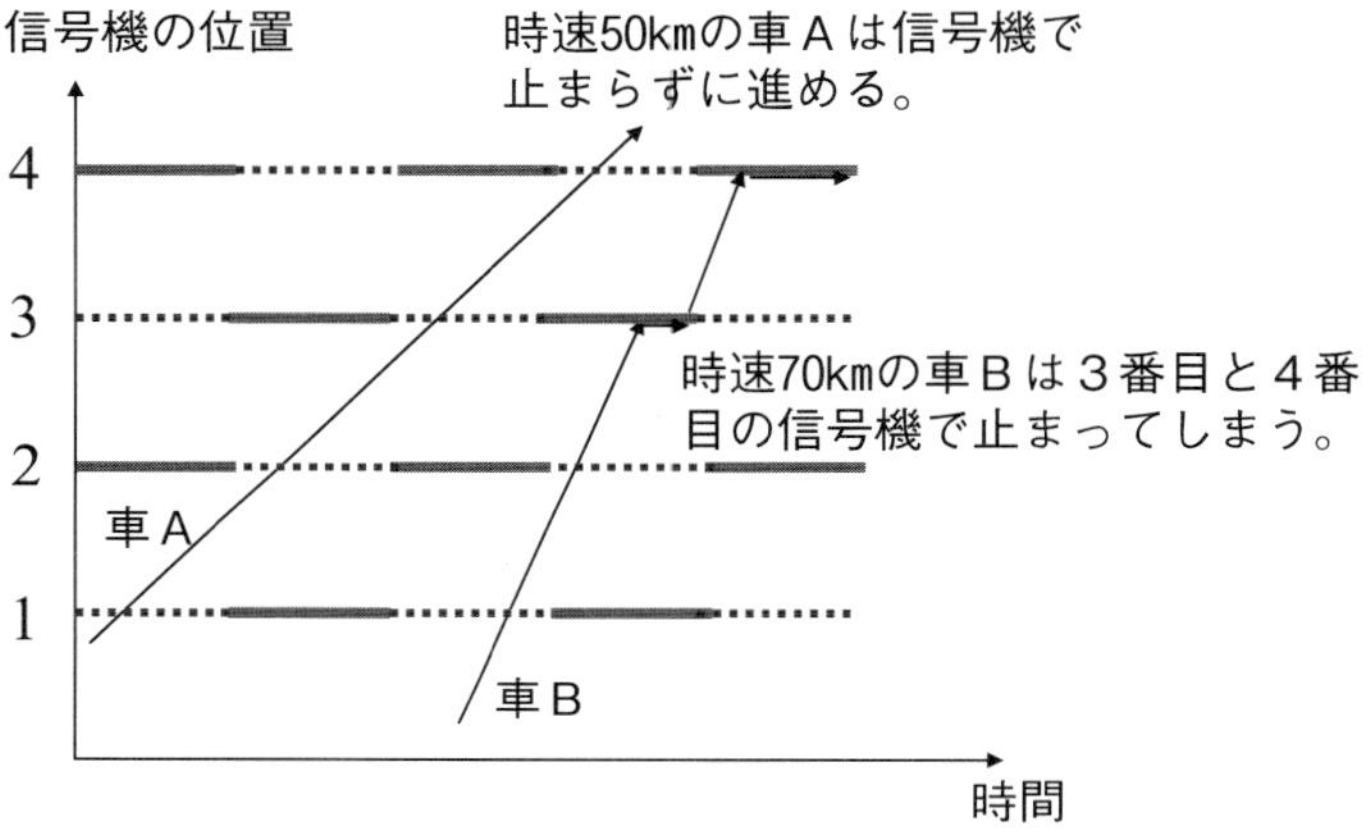
信号機の位置
時速50kmの車Aは信号機で
止まらずに進める。
4
3
時速70kmの車Bは３番目と４番
目の信号機で止まってしまう。
2
車A
1
車B
時間

図９　スルーバンドと信号機制御。信号機は四つあり、各信号の青赤の様子を横棒で表示している（青信号が点線、赤信号は実線の横棒）。図の矢印が車の通った跡で、傾きが車の速度になっている。車Aは適切な速度で運転した場合で、スルーバンドにうまく入って止まらずに走れている。

また最近では信号機の赤青切り替えをもっと賢くする研究も盛んだ。まず、あらかじめ赤と青の秒数を決めておくのではなく、その場所でのセンサーを使った感応式信号で、より実際の交通状況に合った切り替えのタイミングにする。そして、その発展形として、さらに隣同士の交差点での流量データなどをやりとりし、ある都市区画全体で流れを最適にするように信号機を同期して切り替えられないかというアイディアがいくつかの研究機関で検討されている。

これは中央にデータを集めてそこから制御する方法と、得られたデータから個々の信号機が自ら制御方法を決めてゆくタイプが考えられる。中央に集中させると、どうしてもその伝送のための遅れが生じてしまい、たとえば今の切り替えタイミングは実は5分前のデータから得られた最適状態で使い物にならない、などという事態になりかねない。そこでお互い分散した信号機集団に「考え」させて中央コントロールをなくすようなシステムは大変に魅力的である。このような分散制御による賢い信号機ができれば、放っておいても常に最適な切り替え状態に保たれており、都市の渋滞もかなり緩和されるにちがいない。現時点では、どのように「考え」てどのような交通予測をするかについて、基礎研究が始まったばかりだが、愛知県内ではすでに実証実験も行なわれており、今後警察と研究機関がうまく共同研究をして協力し合えれば、実用化は早いと思われる。

## ラウンドアバウトの長所短所

最後に信号機のない交差点、というものは可能かどうかについて考えてみよう。実は町中の信号機をすべて取り去る試みがオランダのドラフテンで行なわれた。ついでにここではなんと道路標識もすべて取り去ってしまった。無謀な取り組みに思えるが、これにより交通事故を減らすことができたという。道に歩行者や自転車などが入り乱れて動いているおかげで、かえってドライバーに注意を促すことができたのだ。

しかしこれは要するに車の流量を極端に低下させることによる事故防止策で、物流の観点からすると好ましくないと私は思う。恐らくその都市を通過するには、信号機がある場合に比べてとても長い時間かかることになるだろう。なぜならば人などは動く信号機と同じで、それが

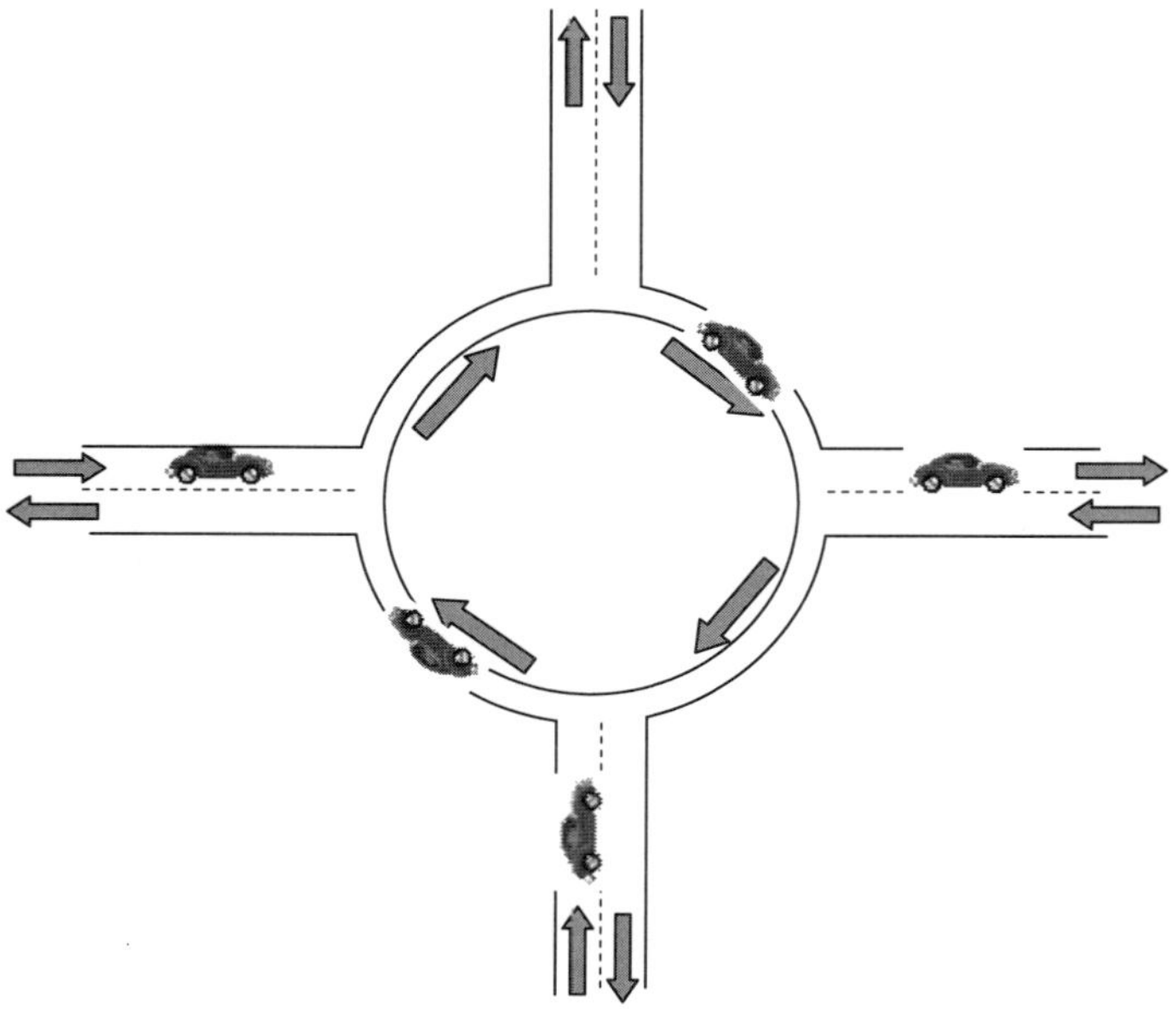

図10　ラウンドアバウト。ロータリー状の一方通行の道路が中央にあり、このロータリー内の車の動きは４本の他の道にいる車より優先させる。

いたるところにあるような状況だからだ。交通事故をなくすことはもちろん重要だが、物流の効率を下げずにこの目標が達成できるのが理想だ。

また、海外に行くと良く見かけるのが信号機のない交差点で、これはラウンドアバウトと呼ばれている〈図10〉。たとえば、イギリスでは全国的にこのタイプが主流だ。これは円形状の一方通行ロータリーを交差点に作るもので、まず車は交差点に来るとロータリーに合流する。ただしロータリーを既に走っている車が優先だ。ロータリーに入ると、その中をぐるりと回って自分の目的の方向の道へ出てゆく、というような仕組みだ。もしもロータリーから目的の道へ出そこなっても、落ち着いてロータリーをもう一回りしてから出てゆけばよい。そして信号機のように電気を使わないので省エネである。

なるほどこれはうまくできているように思えるが、はたして信号機による制御とどちらがよいのだろうか。この研究も近年盛んに行なわれているが、ある研究では、交通量が多いときは信号の方が優れており、交通量が適度に少ないときはラウンドアバウトの方が良い場合があるという報告がある。

それは、ラウンドアバウトの場合、交通量が少なければ交差点で止まる車はなく、ロータリーで回ってゆけばノンストップで目的の道に進めるが、信号機は下手をしたらすいていても赤信号で完全停止になる。交通量が少なすぎる場合はもちろんわざわざ信号機を作る必要がない。そういうところは周囲の道の見通しも良い場合が多いので信号がなくても事故の可能性は低い。

逆に交通量が多くなってくると、ラウンドアバウトの場合、ロータリー内で渋滞が起きる可能性がある。それはロータリーから延びるある出口の道が混んでいると、ここに入ろうとする車はロータリー内で止まり、ロータリー内がもし1車線しかなければ完全に渋滞してしまう。そして他のすいている道に行こうとしている車まで巻き込んでの大渋滞になることが想像できる。この場合、信号機ならばとりあえずすいている方の道の交通は確保されるので、交差点内ですべての道がデッドロックしてしまうことはない。つまり、交通量が多くない場合には、ロータリーは信号よりも優れた交差システムになりうるかもしれない、ということがわかる。

しかしコストの問題にも目を向けなければならない。ロータリー用に広い土地を整備しなければならないが、日本の狭い国土では土地の確保が最も頭の痛い問題で、いまさら各地に大きなロータリーを作れない。一つの交差点に信号機を作るコストは700万円ぐらいかかるそうだが、土地買収はそれよりもはるかに高くつく場所もあるだろう。ただ、日本ではほとんどラウンドアバウトはないので、今後検討の価値はあると考えられる。

このへんで車の話は終わりにして、次章は人の渋滞の話である。その前に車のモデル化についてのやや詳しい内容を「講義」として以下に書いたので、興味がある人はぜひ読んでほしい。

**第2章の要点**

①高速道路の渋滞原因のうち、サグ部が原因の自然渋滞は全体の3割以上を占める。サグ部とは緩やかにたわんだ坂道のことであり、運転手はその存在に気づきにくい。
②高速道路では、車間距離がおよそ40m以下になったときが渋滞の始まりである。
③渋滞研究では、「基本図」といわれる、流量と密度の関係図が重要な役割を果たす。その形は漢字の「人」型に似ており、この図から、自由走行から渋滞への「相転移」の様子がわかる。
④車間距離を詰めて高速で走る状態は不安定であり、「メタ安定」状態といわれる。これはちょっとした原因で渋滞に変化してしまう状態で、基本図では、人型の頂点付近に現れる交通状態である。

⑤メタ安定状態に近い交通がサグ部にさしかかると、車間距離の変化に対する対応が遅れるために、ブレーキの連鎖反応が起こり渋滞が発生する。これが自然渋滞のメカニズムである。
⑥自由走行から渋滞への相転移は、メタ安定状態を経て起きる。
⑦信号がある場合の基本図は台形をしている。これは事故や工事があるときにみられる基本図と同じで、ボトルネック型といわれる。
⑧信号機による渋滞を緩和するため、信号をなくした交差点や、周囲の多数の信号機を集団で効率よく制御する方法などが研究されている。

## 渋滞学講義Ⅰ　「車のセルオートマトンモデル」

セルオートマトン法を用いて車の動きをモデル化してみよう。基本図はどの国のどの場所のデータでもほとんど同じ形をしているため、まずこの基本図を再現できることが良いモデルとしての第一歩だといえる。そのためにまずＡＳＥＰの基本図を描いてみて、それがどれだけ現実のものに近いかを検討してみる。

基本図を描くためには、密度と流量がわかればよい。セルオートマトンの場合、密度は玉の総数を全体の箱の総数で割った量として定義されるため、0から1までの値をとる。そして流量は公式より、平均速度がわかればそれに密度をかけて計算できる。玉の平均速度とは、ある時刻での動けた玉の数を玉の総数で割った量で定義される。たとえば26ページにある第1章〈図3〉において、時刻$t$での平均速度は四つの玉のうち三つしか動けないので、4分の3、つまり0・75だ。そして時刻$t+1$では四つとも動けるので平均速度は1になる。このように平均速度は時々刻々変わるものだが、ASEPではしばらく時間がたつと一定になることがわかる。26ページ〈図4〉の例でも時刻$t+3$以降はずっと平均速度は1である。他のどんな玉の配置でもしばらく時間がたてば平均速度は一定になるので、実際にいろいろ描いてみて実験してほしい。

時間がたってこのように平均速度が一定になる状態を「定常状態」といい、このときの速度を「定常速度」と呼ぶ。この定常速度はASEPの場合、密度が2分の1以下のときはどんなときでも1になることがわかるだろう。つまり、自由相で誰にも邪魔されずに前に進めるので、結局は最高速度の1ですべての玉が動けることを意味している。したがって密度が2分の1以下のときの流量は1×密度なので、流量＝密度となることがわかる。

しかし密度がこの臨界速度を超えると1から下がってしまい、極端な場合、密度が1のときは全部の玉が動けないので定常速度は初めからゼロだ。それでは、密度が2分の1から1まで変わるときの平均速度を求めてみよう。これはちょっと発想を転換すれば簡単に求められる。密度が2分の1より大きい、ということなので、逆に玉のない場所に注目してみる。すると玉のない場所の密度はもちろん（1－密度）で与えられるので、この分だけ前が空いているため速度1で動けて、それ以外の玉は前が詰まっていて動けない。したがって定義より

平均速度 ＝（動けた玉の数）÷（全部の玉の数）＝（1－密度）÷ 密度

で計算できることがわかるだろう。この平均速度に密度をかけると、結局定常状態での流量は、密

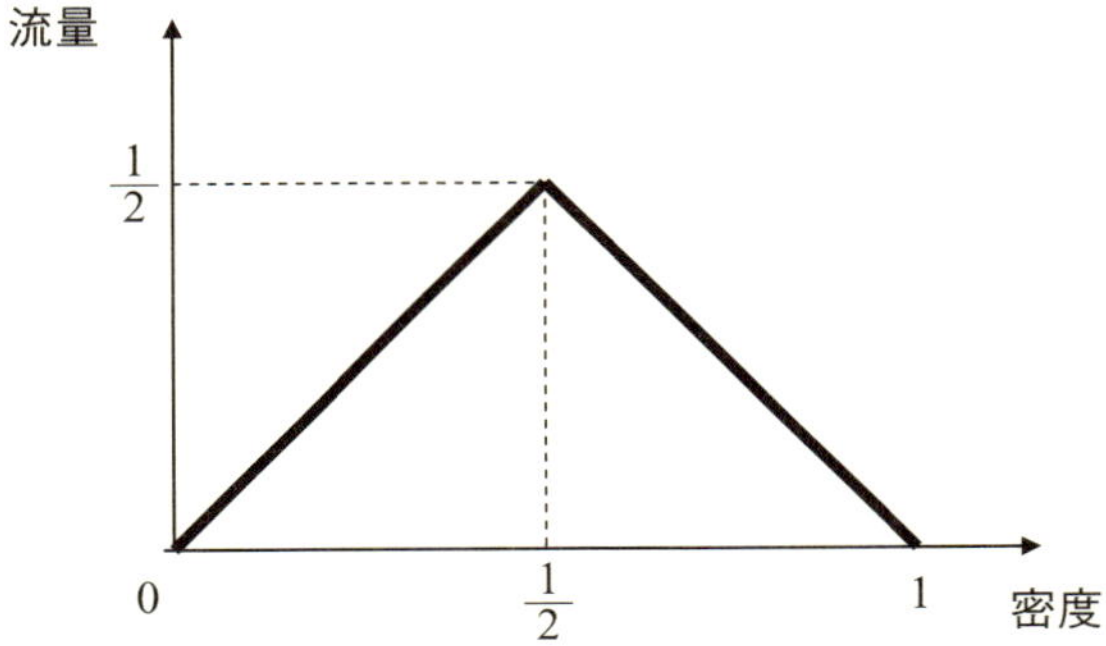


図11　ＡＳＥＰの基本図。臨界密度0.5で自由走行から渋滞走行へ変化する。最大の流量は0.5である。

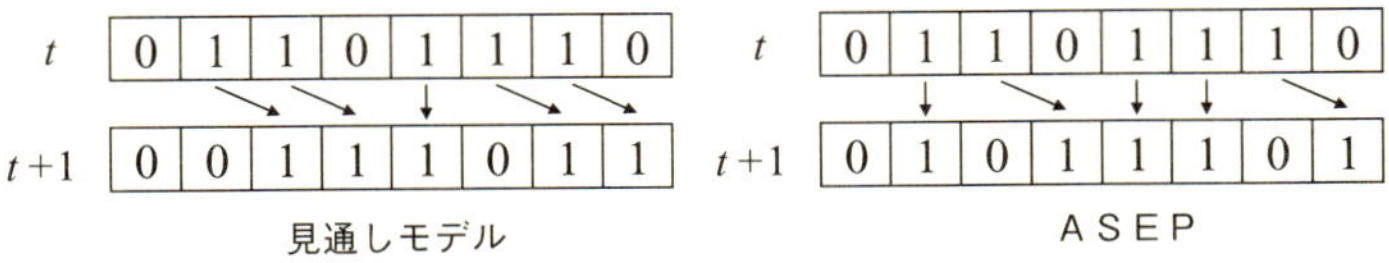


図12　見通しモデル（左）とＡＳＥＰ（右）の違い。見通しを２台先までとした場合の結果。見通しモデルでは、１が二つだけ続いても両方動けるが、三つ続くと一番後ろの１は動けない。

度が2分の1より大きいときは（1－密度）という簡単な式で表されることがわかる。これは確かに密度が1のときゼロになる。そして以上からASEPの基本図を描いてみたのが〈図11〉である。

これを見ると、右上がりの直線が自由走行相、右下がりの直線が渋滞相を表し、基本的な渋滞相転移の様子はとらえることができている。しかしメタ安定などは見えず、現実の基本図〈図3〉（46ページ）と比べるとASEPはまだまだ「おもちゃ」と呼ばれるのは良くわかるだろう。

それではメタ安定を出すようなルールはどうすれば良いのだろうか。そのためにいろいろと試行錯誤してみる。たとえばこれまでは前の車のみを見て運転するドライバーを考えていたが、実際に我々はもう1台ぐらい先の車の動きも見ている。その効果を入れてみよう。それは前方の見通しの効果ということができ、その動きのルールは〈図12〉のとおりだ。

これは1台先が動けるかどうか見通せている場合のルールだ。1が二つ連続するクラスターの場合、ASEPでは後ろの車は動かないが、見通しルールではクラスターの先頭は次の時刻$t+1$で必ず動くので、見切り発車して$t+1$で一緒に動いている。何とも気が早い運転手だが、多かれ少なかれ我々はこのように動いているのではないだろうか。さて、〈図13〉にこの場合の基本図を載せた。残念ながらメタ安定は出なかったが、新しい変化に気がつく。それは、重要な量である臨界密度が大きくなっていることだ。ASEPでは2分の1だったのに2台先まで見通せるルールだと3分の2になっている。つまり渋滞の発生を遅らせることができる、ということだ。前方の見通しが良いほどスムーズに動けることがこの簡単なモデルからもわかる。

メタ安定は残念ながら出なかったが、臨界密度をどうすれば変化させられるかの重要な知見が得られた。この見通しを単純に現実に適用して考えてみよう。たとえば最近はワゴンタイプの車高の高い車が多くなってきているが、これは後ろの車にとっては迷惑で、前が見えづらくなる。前の状況が把

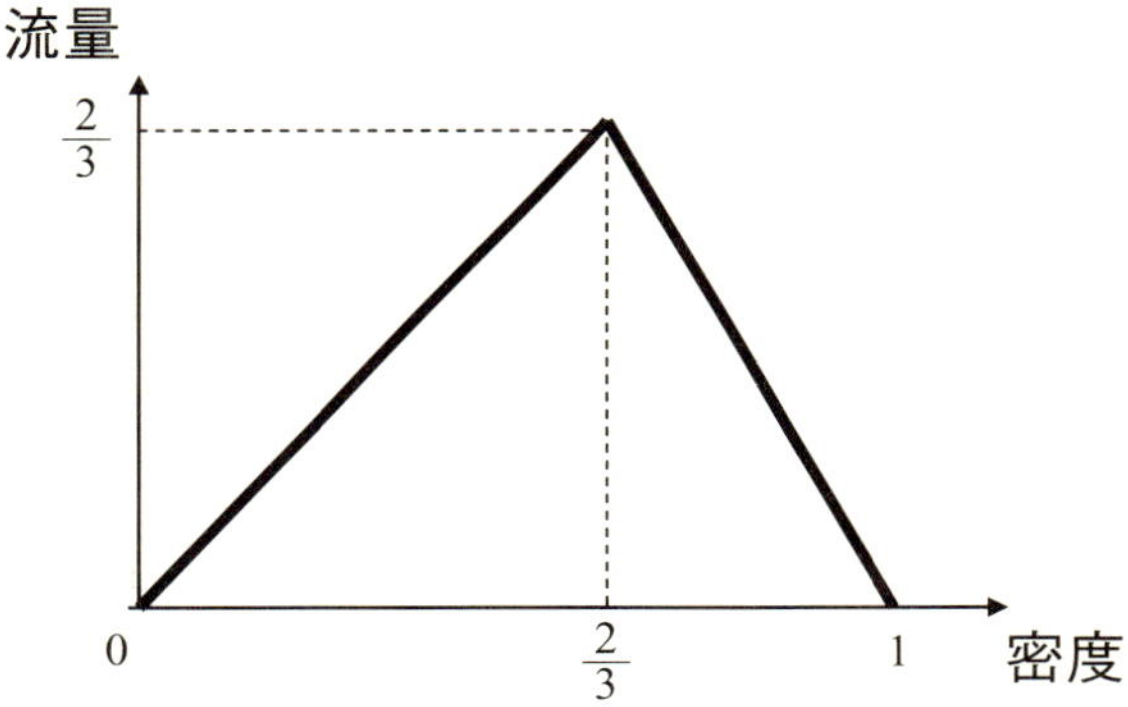


図13　見通しルールでの基本図。臨界密度が 2/3 まで上がっていることが分かる。これは前方の見通しがあった方が渋滞が起こりにくいことを意味している。

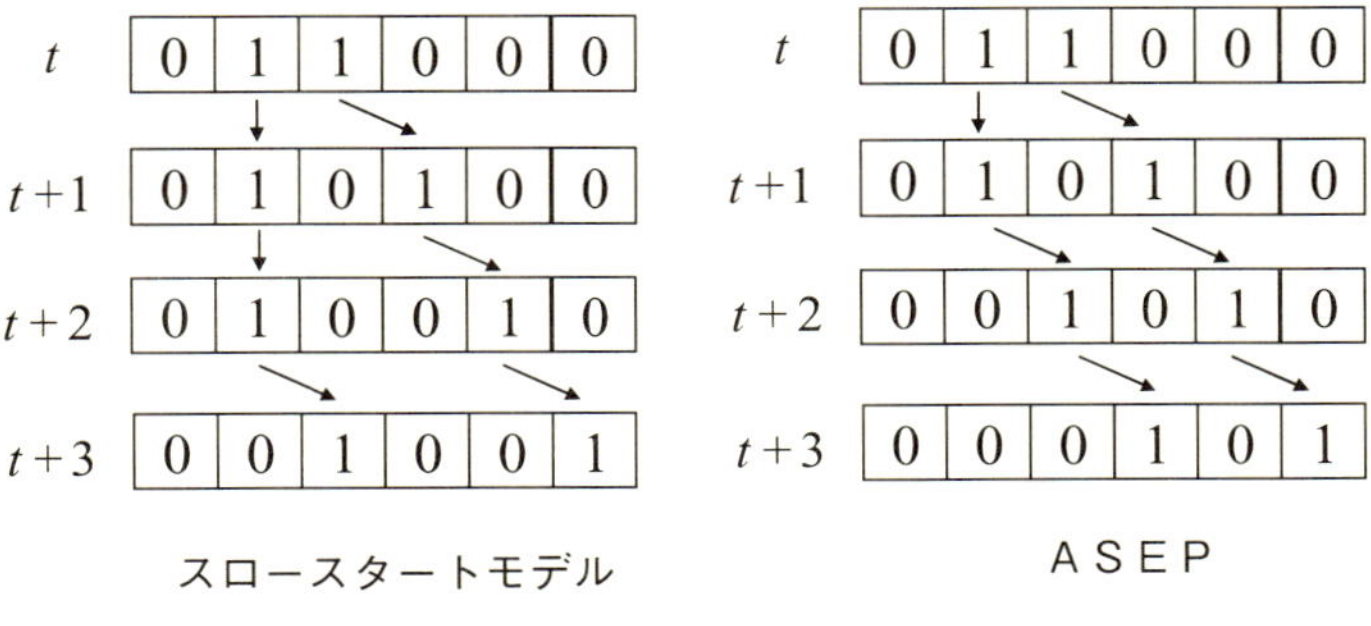


図14　スロースタートモデル（左）とＡＳＥＰ（右）の違い。スロースタートの場合は、一度止まるとその前が空いても１回休みになる。

握できないのがASEPに相当するので、見通しがある場合に比べ、渋滞が起こりやすくなる。実は私は座高が高いので、頭が天井にあたらないような車高の高いミニワゴンタイプの乗用車が好きだが、これは後ろの人の視界をさえぎることにつながるため、実は渋滞を助長する要因になっているのではないかと密かに心配している。

それではいよいよメタ安定を出すようなルールを紹介しよう。意外に簡単なルールで実現でき、「スロースタートルール」という名前がついている。これはASEPに対して一つだけルール変更し、一度止まった車は動きにくいと考え、ある時刻で動けなかった車はその前が空いて動けるようになっても1回休んでから動く、というものだ〈図14〉。

このスロースタートルールは、クラスターができたときだけ後ろの1がASEPと違う動きをするが、それ以外の場合はまったく同じだ。図で連続する二つの1のうち、後ろの1がスロースタートルールを適用されたもので、時刻$t$で止まってしまったので、時刻$t+1$で前が空いて時刻$t+2$で動けるはずなのに、1回休みルールで動かない。そして時刻$t+3$で初めて動き出す。これに対してASEPは時刻$t+2$で動き始めるところが異なる。

これは動いている車は次の時刻も動きやすく、止まってしまった車は発進が鈍いという、その状態を維持し続ける性質を表し、つまり一種の慣性効果である。自己駆動粒子には基本的に慣性の法則は厳密には成り立たないと述べたが、体が大きくなるにつれてやはりある程度慣性効果は効いてくることは想像できる。トラックなどの大型車を想像するとこのルールの気持ちがよりわかると思うが、止まった状態からの加速はゆっくりと始まることを反映したものだ。

こうした場合の基本図をいろいろ密度を変化させて描いたのが〈図15〉である。確かにメタ安定が出現し、人型の骨組みが再現されている。このスロースタートは現実の基本図をよく捉えたルールだ

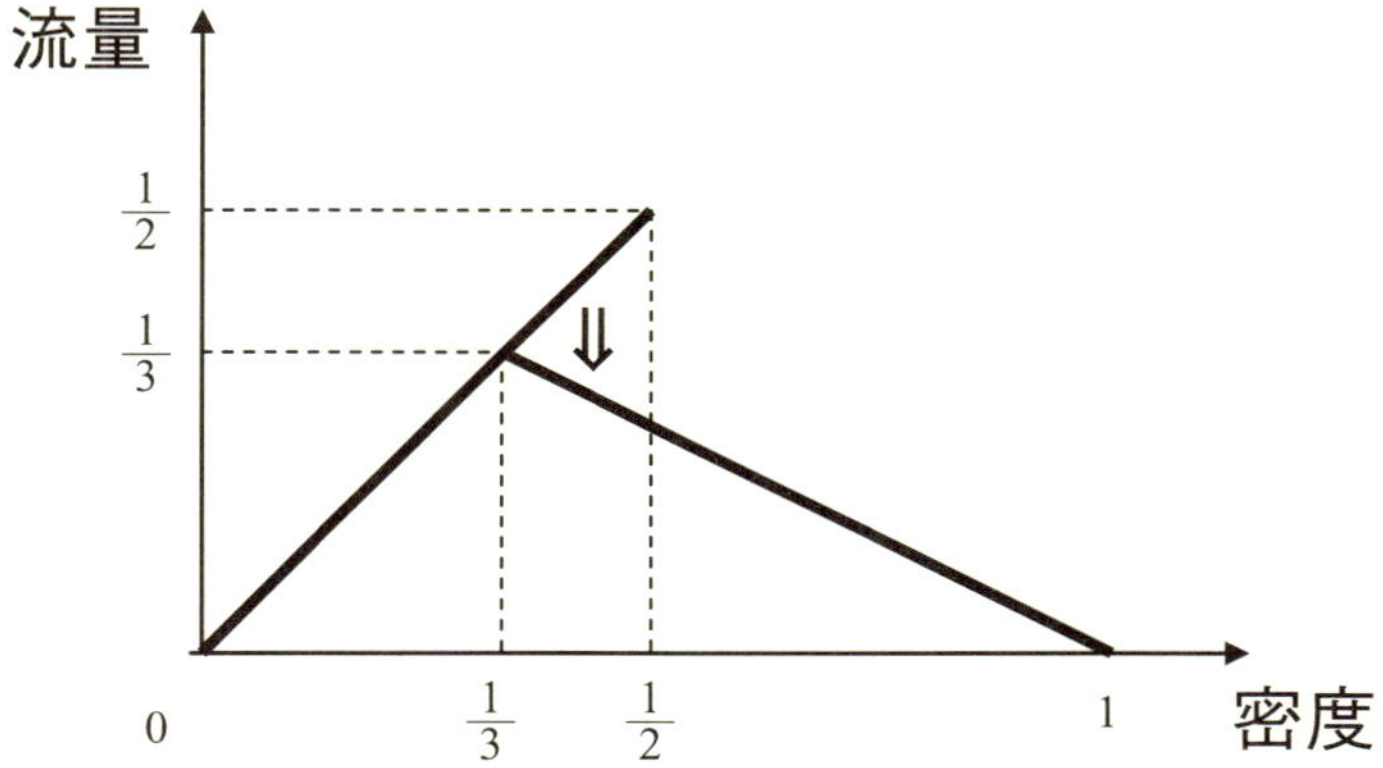


図15　スロースタートルールでの基本図。密度1/3から1/2までの範囲にメタ安定状態（上側の線）が出現していることが分かる。そしてこの線上の状態は不安定であり、少しのきっかけで下側の線に移ってしまう。

る。

と考えられており、このあたりからモデルは「おもちゃ」を脱却できたのではないかと私は思っている。

さらに現実の基本図である46ページの〈図3〉に近くするために、いろいろなルールを付け加えたモデルがここ数年考えられている。たとえばこれまで述べたスロースタートと見通しを両方組み合わせたルールで描いた基本図が、実は以前に紹介した62ページの〈図5〉だ。これは説明が複雑になるので結果だけに留めるが、興味がある人はどういうルールにすればスロースタートと見通しを組み合わせられるのか自分で考えてみるのも良いだろう。現在このようなモデル作成とその詳細な数学的性質を調べる研究が進んでいる。いずれにしろ、〈図11〉から始まって、〈図13〉、〈図15〉そして〈図5〉へと徐々に研究が進んでいった様子がわかっていただけたらと思う。このように研究とは地道な改良の積み重ねなのである。

# 第3章　人の渋滞

## 明石歩道橋事故

私は人混みが本当に苦手で、小さい頃に混んでいるところをただ歩いていただけで目眩《めまい》を起こしてしまい、心配になったので病院で検査を受けたこともある。たくさんの知らない人の中にいると、自分はただの価値のない石ころのように思えてきて、何ともいえないとても怖い気持ちになったのを覚えている。さすがに今ではそのような恐怖心はなくなったが、とても疲れているときなどは、今でも人混みはなるべく避けるようにしている。この石ころのような感覚がするのは、まさに集団の中では人間は個性を抑圧され自己駆動「粒子」として振る舞っているからだろうか。

集団が極端な密集状態になってくると、ほとんどの人が不安と恐怖を感じ、実際に生命にまで危険が及ぶことがある。その例が2001年7月21日に発生した、明石市大蔵海岸花火大会において11人が死亡した事故である〈図1〉。

花火大会の会場である海岸から駅までは、約100mの歩道橋を渡らなくてはならなかった。

その結果、大勢の人たちがこの歩道橋に押し寄せ、狭い通路内に会場に行く人と駅に向かう人の双方向の流れができた。通路内は徐々に過密状態になり、動ける列がほとんどなくなったにもかかわらず、通路の両端からは人がどんどん入って来た。警察や警備員の適切な対応がなかったこともあり、結局惨劇が起こってしまった。

死者が出た場所は、図の海岸側の歩道橋部分で、L字のコーナーのあたりである。そこでは1㎡の面積に15人ぐらいいたのではないかという驚くべき調査結果が出た。その後の検証シミュレーションでも、10人以上の人口密度になっていることが確認された。四方八方から押されてこのように局所的に密度の高い領域が発生したのだろう。通常は1㎡に5人ぐらいで危険な状態になり、将棋倒しの状態が起きる。そのさらに3倍もの人が一時的に圧縮状態になったわけで、そのときに人が感じた力は1㎡あたり約400kgという、とてつもない大きさだったらしい。これは現場付近の300kgの荷重に耐えられる手すりが壊れていたことから判明したことだ。医学的には約200kgで人間は失神するといわれており、その力のすさまじさがわかる。

将棋倒しは文字どおり、ある1方向から力がかかることで、ただその方向に倒れるものだが、この事故のような超高密度状態になると、今度は「群集雪崩《なだれ》」といわれる最悪の状態が発生し得る。この群集雪崩のメカニズムはきちんとわかっているわけではないが、高い圧力状態のときにどこかにたまたま低い圧力部分が生まれると、そこに周囲の圧力で人がどっと流れ込むことで起きるらしい。したがって内部での様子は将棋倒しと違ってかなり複雑で、様々な大きさと方向を持った力が急に押し寄せてくる状態だ。たとえば人の押し合いにより、たまたま倒れ

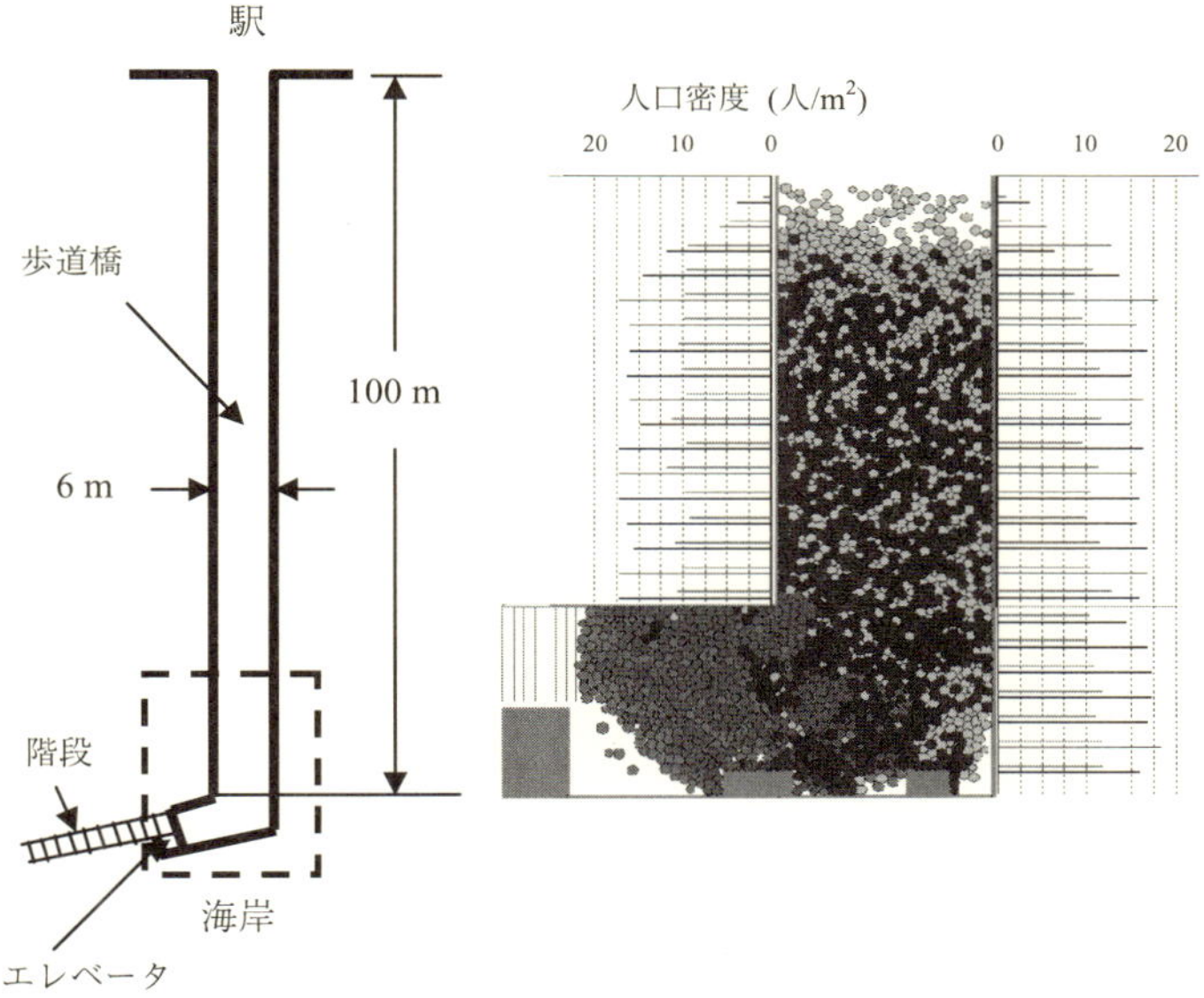


図１　明石市花火大会での事故。現場となった海岸側の歩道橋の様子とそのシミュレーション（大阪大学　辻裕教授　提供）。左図は現場の位置関係を表したものであり、右図のシミュレーションは左図の点線で囲んだ領域のもの。小さなマルが人一人を表しており、色が濃いほど密集している。両方に向かう人の流れがコーナー付近で衝突し完全に通路が閉塞しているのが分かる。

てしまったり体が浮き上がって他人の上に出てしまうと、そのすきまに人が入ってきて倒れこんでしまう、といったことが想像できる。

私は大学時代にラグビーをやっていて、これと似たような経験をしたことがある。スクラムを組んで押し合っている際に、前後から押されてポコッとスクラムの上に出てしまったのだ。そうなると私がいた場所に前後の人がなだれ込み、顔から地面に落ちた人もいてかなり危ない状態になったのを覚えている。

倒れはしなかったが、群集雪崩寸前の危険な体験をしたこともある。私が高校生のときに後楽園球場で行なわれたテレビ番組の「ウルトラクイズ」に出たときのことだった。全国からたくさんの高校生が集結し、まさに会場周辺で大群集を形成していた。第1問目は会場の外に問題が貼り出されており、その答えのイエス、ノーに応じて一塁側と三塁側にわかれて座るという企画だった。問題は忘れてしまったが、イエスかノーか迷う人で後楽園球場の周囲はごった返し、走る人や立ち止まって皆で相談している人などが入り乱れていた。

制限時間が迫ってきたとき、私は一塁側の入り口付近でたくさんの人に囲まれてまったく動けなくなってしまった。直前で三塁側に変更しようとしている人なども いて大混乱し、そのうちに周囲の人が全員密着状態になった。係員が何か叫んでいるがまったく聞こえない。周囲からは悲鳴があがり、自分も圧迫感で気が遠くなりそうになった。そのときに感じたのは前後左右あらゆる方向から不定期にグイグイ押される、かなり強い散発的な力だ。どこかの数人の塊が倒れそうになってまた耐えて元に戻り、という状態がいろいろなところで発生しているのが見えた。まったくコントロール不能で、そこにいた人は全員生命の危険を感じていたにちがいない。群集雪崩を思うと、いつもこれらの当時の記憶が蘇りゾッとする。また、このようなイベントだけでなく、日常生活でも朝のラッシュ時の満員電車など似たような危険が潜んでいるのはいうまでもない。

## 密着状態ではニュートン粒子になる

密着状態で自分ができることといえば、他人からなるべく圧迫を受けないような体勢や場所を確保するぐらいであり、体をちょっと回すくらいの動作しかできない。この状態では人の動きはほぼニュートン粒子的だといえる。ここまで群集の密度が上がってしまうと、人がお互いに及ぼす力は直接押し合うものが支配的になるために、作用＝反作用の法則が適用できるようになる。したがって逆に高密度の群集は従来の物理の力学的な手法でその運動をある程度解析できるだろう。

〈図1〉の明石の事故のシミュレーションは、これから述べるフロアフィールドモデルではなく、粉粒体を計算する「個別要素法」という方法により、大阪大学の辻裕教授によってなされたものだ。粉粒体とは後の章でも述べるが、読んで字のごとくパチンコ玉のようなつぶつぶ状の集まりの名称で、自己駆動粒子でなくニュートン粒子だ。明石の事故当時ぐらい密集した状態では、人はもはやニュートン粒子に近くなるため、粉粒体として考えた方がうまくゆくのだ。確かに人が密集してそのうちに浮き上がって人の上に人が乗るような現象は、パチンコ玉のようなものの塊を周囲からぎゅっと押したときに起こる現象に近い。

この章では、そこまで群集は密集していない状態を主に対象にしていきたい。つまり、密集はしていないが、パニック状態にあり単純な模倣行動や競争原理に支配されているような集合状態の行動に焦点を当てて考えたい。これこそ自己駆動粒子系特有の状態で、お互いに働く力は接触力ではなく、群集心理的な力だ。

## 群集には3種類ある

一人の人間の社会行動は複雑で、それを粒子として扱って運動を考えるなどというのは到底できないだろうが、多数が集まると自由が抑制されて単純な行動しかできなくなることがよくある。このような状態での人間の振る舞いや心理を研究するのが群集心理学だ。

そもそも群集というものを初めて学問的対象としたのは、フランスのル・ボンという人である。彼は1895年に著作『群衆心理』において、群集の特性について分析し、その強大なエネルギー、衝動性、無批判性、道徳性の低下、知性の低下などを初めて指摘した。またフロイトも、集団の中の個人は抑制がきかなくなって本能のおもむくまま獣のように自らの欲望を最大限満たそうと行動する、と考えた。確かに集団になると個人では考えられないような狂気的な犯罪事件が起きることがあるが、それはもともと人間の持っていた欲望が、集団になることで殻がとれて顕在化した、とフロイトは考えていた。

群集の定義とは「共通の関心や注意を引く対象にむかって特定の場所に集まった諸個人の一

時的、偶発的な集合状態」というものだ。これによれば、単なる人の集まりは群集とは呼ばない。そこに何か共通の動因が発生したときに群集になる。その意味では、ただのランダムな粒子の集まりは群集ではない。その個々の粒子が何か共通の意思や方向性を持ったときに群集となり特徴的な集団運動を示すようになる。ただのランダムな粒子の集合状態ならば従来の統計力学で扱える範囲かもしれないが、そこに共通の動因が入ると自己駆動粒子系としての特色が出てくる。

群集の状態はその動因によって「会衆」「モッブ」「パニック」の3通りに分類できる。「会衆」とは興味の対象への直接行動には訴えず、むしろ受動的関心から集まっているもので、音楽会や劇場に集まる群集などがその例である。

これに対して「モッブ」は強い感情状態に支配され、抵抗を押しのけつつ敵対する対象に直接暴力的に働きかけるものだ。集団テロ、襲撃などがその極端な例である。

「パニック」とは、予期しない突発的な危険に遭遇して、強烈な恐怖から群集全体が収拾しがたい混乱におちいるような場合で、劇場やホテルでの火事や客船の沈没などがこの例である。パニックの場合は、対象に対して逃避的な行動をとるが、モッブは攻撃的行動を示す。そして、状況の変化で、会衆がモッブ化したり、モッブがパニックに陥ったりすることもある。

また近年ではインターネットが普及したため、新たな仮想世界での群集が形成されるようになった。これまでは人の集団といえば、人が本当にある場所に集まっていたのだが、現在ではホームページの掲示板などを通して仮想的に大人数が集まることが容易になった。お互い顔も年齢も知らない人同士が、共通の興味のもとに集合する状態が簡単に形成される。そしてもしもその群集が現実に集結すると、群集心理により短絡的な行動をとってしまうような事件も発生する。集団自殺、暴行傷害事件など最近新聞を賑わすような事件のうち、インターネットが絡んでいるものが確かに増えてきている。

このように群集については１００年以上前から現在にいたるまで研究されてきているが、本書で述べているような物理学的アプローチによって捉えようとする動きはここ10年程度の新しい研究だ。自己駆動粒子である人間が他者から受ける群集心理的な力をルールベース的な手法を用いて考える。この力はニュートン力学のようにきちんと見積もることはできないが、状況を限定すればある程度扱ってゆくことが可能だ。以下、群集の避難行動をメインテーマとして、この力について考えてみよう。

## 火事と煙

近いうちに確実に大地震が来るという恐怖感があるせいだろう、ここ数年、火事などの災害が発生したときに建物からいかに安全に避難するかについて、人々の関心が高まっている。特に関東地方では、これから30年以内にマグニチュード7程度の地震が起きる確率は70％であると政府の地震調査委員会は発表している。

マグニチュード7・9の関東大震災が起きたのが、約80年前の１９２３年9月1日、時間は午前11時58分であった。地震が起これば、一番怖いのが火事。実際に関東大震災では、死者・

行方不明者が14万人以上いる中で、87％は地震が原因の火災で亡くなったといわれている。これほどひどい被害が出た理由は、ちょうど地震が起こった時間がお昼の食事時だったためである。

火事で怖いのは煙である。一度は誰でも学校や職場で避難訓練をやったことがあると思うが、煙に巻き込まれないように身を屈めたり濡れたタオルを口や鼻にあてながら建物から避難するように教わる。訓練だと思うと冷静でいられるのだが、いざ本当に火災に巻き込まれるとやはりパニック状態に陥る可能性がある。人は炎を見ると確かに驚くが、そこですぐにパニックになって逃げ出さない方が良い。消防関係のマニュアルには、適切な避難のタイミングは火が天井に燃え移りそうなときだ、と記載してある。天井に燃え移るまでは比較的消火が容易であるため、この間に落ち着いて初期消火活動をすることが大切だ。もちろん天井に燃え移ったときには速やかに避難しなければならないのはいうまでもない。

煙の広がる速さは横方向に向かっては秒速1m程度だが、煙は空気より軽いために上に昇ってゆくときは速く、秒速約5mで移動する。人間の歩く速度が秒速約1・3mなので、横に広がる煙からは通常歩行で逃げられるが、上に逃げるときはかなり厳しい。もしも地下で火災が起こった場合は上に逃げる必要があるため、煙に巻き込まれる可能性が高くなる。

2003年に韓国大邱市の地下鉄中央路駅構内で発生した火災は、死者192名を出す大惨事となってしまった。一人で走り抜けるならば逃げられるだろうが、大勢いればパニックが発生してスムーズに動けなくなってしまうため、被害が広がってしまう。地下にいれば悲鳴も反響し、また明かりも消える可能性があるため恐怖感は地上とは比較にならないだろう。しかし次のことを知っていれば少しは安心するのではないだろうか。

日本の建築基準法施行令には、長さが60ｍをこえる地下道では、必ず避難上安全な地上に通ずる直通階段を設置しなくてはならないと書いてある。そして、地下街のどの場所からでも、この直通階段までの歩行距離が30ｍ以下となるように指示されている。30ｍといえば、皆が冷静に行動すれば歩いても23秒ほどの距離だ。したがって、地下火災に運悪く巻き込まれても、慌てなければ大丈夫だ。知識は人を助ける。とにかくパニックになることが避難では一番危険なことを忘れないでほしい。

## どこへ逃げようとするのか？

それでは建物内で火災に遭遇したら、いったい人はどの方向に逃げるのだろうか。状況によっても様々だろうが、興味深いアンケート結果がある。それはあるデパートでの買い物客に対して調査したものだ。冷静な状態でのアンケートなので実際の避難状況とは異なるかもしれないが、大変参考になるものだ。

逃げる方向の1位は放送や指示に従う（47％）というもので、やはりこれは避難の基本だろう。

2位は煙の危険から遠ざかる方向（26％）で、危険がある場所がわかっている場合にはこういう行動をとるのは自然だろう。

3位は非常口や階段の方向（17％）で、建物内の危険状況が把握できないときはまず外に出ようと考えるため、非常口を目指す。

4位は同率で二つあり、他の人の逃げる方向についてゆく（3％）と人の空いている方向に行く（3％）という結果になっている。この二つはまったく反対の避難戦略を用いている。

パニックになると人間は的確な判断ができなくなり、他人に追従する傾向を示すことはよく知られている。こうした状態では、群集を形成する各個人は皆不安になり、目前の恐怖となる対象から逃避的な行動をとるが、その際にお互い模倣的な行動をする一種の同調現象が生じる。これは、危機に直面することによって知性が低下し、もはや自分では冷静に物事を考えられなくなり、他者に盲目的に追従するからだと考えられている。

実際に火災現場で人が亡くなった場所を分析すると、非常口の付近において何人かでぐるぐる走っていただけで、出口へのルートを見過ごしていたような形跡があるという報告もなされている。したがって、アンケート結果の、人の空いている方に逃げるというのは、パニック状態に陥っているわけではなく、ある程度高度な駆け引きをしているような印象を受ける。いずれにしろこのアンケート結果から、約半分の人は避難指示に従うということになり、緊急時こそリーダーやガイドの誘導が重要であることがわかる。安全に逃げられるかどうかはこの適切な誘導があるかどうかにかかっているといっても過言ではない。そしてリーダーの存在がパニックの拡大や収拾を左右する要因にもなっているのだ。

## 競うから逃げられない

もしも放送や従業員の指示がないとすると、危険箇所もわからない可能性がある。その場合、皆がとりあえず外に出ようと考えて非常口や階段などに殺到するだろう。すると扉の前で滞留が発生し、ひどい場合は群集雪崩の起きるような押し合い状態になったり、下り階段に人が流れ込んで大変危険な状態になると予想される。階段で人の動く速さは平地での速度のほぼ半分になるので一種のボトルネックとなり、群集が殺到すると階段手前の部分に人が滞留し、そのスペースが小さければまさに上からの将棋倒しが起こってしまう。また非常口の手前で混雑すると、出口がつかえてしまってスムーズに出られなくなる。

超満員の電車から出るときに体験した人もいると思うが、駅で電車のドアが開いても皆が一斉に出ようとすると詰まってしまい誰も出られなくなる。お互いの肩がドアを囲むようにアーチ状になってしまい、それ以上前に進めなくなる。これをアーチアクションと呼んでいる〈図2〉。このアーチは力学的にドアの方向への力に対しては極めて安定で崩れにくい。この性質を逆に利用しているのが眼鏡橋《めがねばし》などの愛称で親しまれているアーチ状の石橋で、ただアーチ状に石を積むだけで頑丈な橋ができる。

アーチアクションができるぐらいの高密度状態がなぜ発生するかは、車の渋滞形成と対比させて考えることができる。パニックになり他人の行動を真似ることはまた、「あの人だけでなく、自分も助かりたい」という率直な願望の表れでもある。そして注意したいのは、このとき

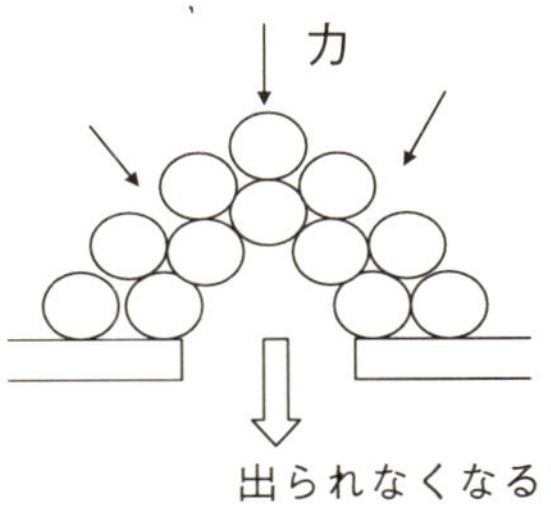

図２　出口でのアーチ形成と円月橋（東京都文京区にある小石川後楽園）。アーチ状に積みあがった構造は上からの力に対して強くなる（著者・撮影）。

心の奥には競争の心理が存在しているということだ。我先に逃げるような緊急事態に直面すれば、とにかく皆同じように他人よりも早く避難しようとし、人が走れば自分も走るということが起きる。この模倣はつねに増幅の方向で起こり、走る場合には、人よりちょっと速く、という競争がお互いどんどん繰り返されてゆく。これはまさにサグなどでの車の渋滞の連鎖反応的な増幅機構に似ている。そしてさらにそれがエスカレートしてゆくとドアなどのボトルネック付近で高密度の状態が形成され、群集の秩序が崩壊して雪崩現象が生じやすくなるのだ。このように考えると渋滞形成の普遍性が見えてきて興味深い。

避難の際のボトルネックに発生する閉塞に関しては、心理学では「ミンツの実験」が有名である〈図3〉。これは、10人以上の複数の被験者が瓶の中から糸に結びつけられた円錐体を取り出すというものだ。ただし瓶の口は狭くなっており、円錐体は2個以上同時に取り出すことはできないようになっている。

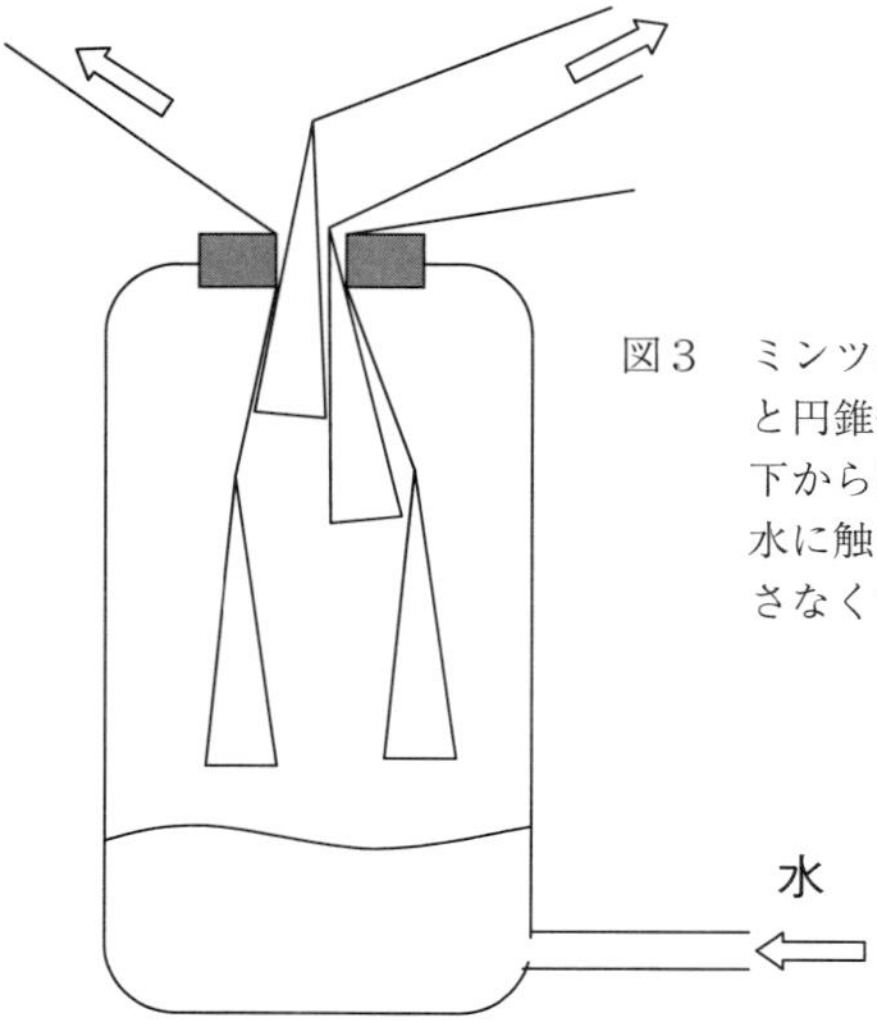


図３　ミンツの実験。同時に糸を引くと円錐体を取り出せなくなる。下からは水が徐々に注入され、水に触れる前に円錐体を取り出さなくてはならない。

複数の被験者が同時に糸を引くと瓶の口でひっかかってしまい、誰も円錐体を取り出せなくなる。これはまさに非常口でのアーチアクションを表していると考えられる。さらに瓶の下からは水が少しずつ注入されて、被験者に、自分の円錐体が水に触れる前に取り出さなければならないというプレッシャーを与える。以上がミンツの実験であり、その後のパニックの実験的研究の基礎になったものだ。

皆が速く引っ張り上げたいと考えて競争ばかりしていては、結局誰も円錐体を取り出せない。そこで、競争でなく、いざというときは譲歩協調する戦略も重要だと教えられる。この「競争と譲歩」については避難戦略でよく議論される重要な問題であるため、後に再び触れる。またこの実験でも、もしリーダーが存在して皆に糸を引く順番をあらかじめ決めてやれば、まったく問題なく全員速やかに取り出すことができるだろう。リーダーが不在でも個々の協調行動によってある程度脱出成績は良くなるが、やはり全体の協調状態を作り出せるリーダーにはかなわない。

## 建築基準法で決められていること

ここで少し避難に関しての法律について目を向けてみよう。安全な避難のためのいろいろな取り決めが書いてあるのが建築基準法だ。この法律は建物の設計の際の様々な決まりを定めたものだが、建築物のどの場所からでも安全な避難ができるように、その設計に関しての細かい注文がきちんと定められている。平成12年の法改正でさらに整備され、避難安全検証法というものが建築基準法の体系にきちんと導入された。そして建物の防災性能が法律の定める基準を満足しなければ、建築許可が下りない仕組みになっている。そこでは建物の耐火性能はもちろんのこと、実際に中にいる人が避難の際に外に出るまでの道筋を計算して、煙が伝わるよりも早く外に逃げられるかどうかを計算しなくてはならない。この計算は図面を見ながら建物のすべての居室でチェックしなくてはならないので膨大な手間がかかる。

実際に私は一級建築士と一緒にこの新しい避難安全検証法を勉強し、この計算の一部をやってみたことがある。法律には細かい公式がたくさん定められており、一つ一つの計算自体は難しくはないが、極めて煩雑な計算を繰り返し行なわなくてはならない。たとえば、床の素材は何か、床は平らか傾斜があるのか、天井高は何mか、部屋はどのような用途で使われるか、などによって計算式に使う数字が異なり、膨大にある表や公式とにらめっこしなければならない。

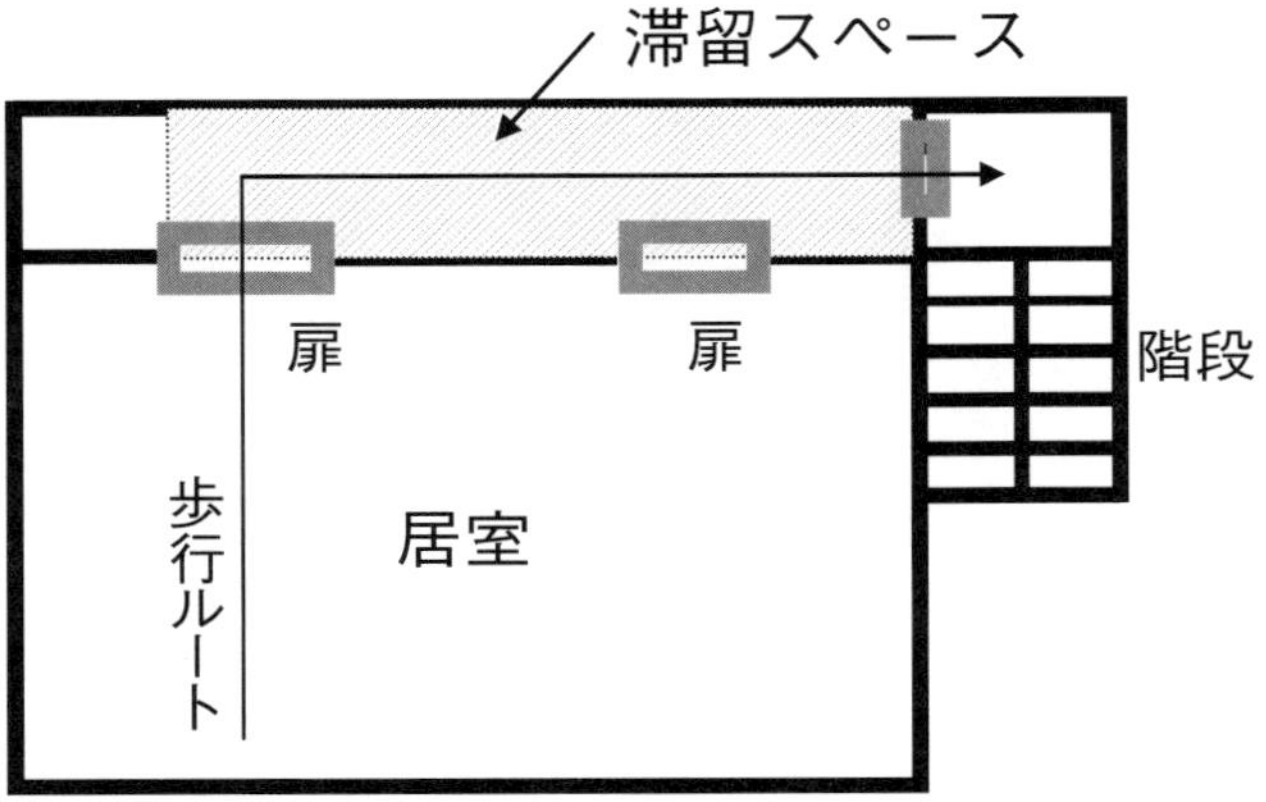


図４　必要な滞留面積と避難のための歩行距離。廊下に示した斜線部分が居室から外へ出る際の滞留スペースとなり、十分な広さがなくてはならない。

特に非常口の設計は重要だ。非常口のような幅が狭くなるところはまさにボトルネックで、ここで流量が絞られるため渋滞が発生し、扉から出る人の量は制約を受ける。それがまた扉の前での滞留を増加させてしまう。したがって、建物内の人がその扉に殺到しても、その前には十分な滞留スペースがあるかどうかを計算でチェックしなくてはならない〈図４〉。法律にしたがって必要な滞留スペースを計算し、それより設計図の面積が小さければ設計はやり直しだ。

また、図の矢印にあるように、居室にいる人のうちで扉から一番遠い人が外に出るまでの時間も計算し、それが法律の基準以下になっているかどうかを調べる。この計算の際に通常使われる数字を参考のために紹介しておこう。まず、人の歩行速度だが、これはたとえば百貨店では、平らなところで毎秒１ｍで、上り階段では毎秒0・45m、下り階段では毎秒0・6mとなっている。つまり階段では上りも下りもほぼ平地の半分の速度で動くと仮定して計算する。

そして重要な量が扉を1秒間に通過する人数だ。建築基準法では流動係数という名前で呼ばれており、通常の避難状況下ではドア幅1mあたり1秒間に1・5人逃げられるとしている。これは扉で人が詰まらずに比較的スムーズに逃げているような状況を想定していると思われる。パニック状態では後で述べるとおり、扉で人同士がつかえたりしてこの数字がつねに確保できるわけではないだろう。流動係数は建物の避難安全を決定する重要な数字であるため、それがどのような状況で変化するのか、などの様々な研究が行なわれている。

## 2方向避難の原則

さらに避難経路の問題も重要で、法律では安全な避難の原則は「2方向避難」という言葉に集約されている。これは避難中の経路はつねに2方向以上確保されていなくてはならない、というものだ。居室から外への複数の避難ルートを設けることで、避難経路の一つがダメでももう一つが使えるようにする考え方だ。この2方向の避難路の確保は建築基準法だけでなく消防法でもはっきり義務付けられているため、常に建築士はその設計段階からこの避難ルートには気をつかう。

マンションなどの集合住宅に住む人はよく知っていることだが、避難時にベランダの境界を破って隣へ行けるように、ベランダの境界部には何も置いてはいけない、という決まりがある。

これはこの2方向避難ルートを確保するためであって、玄関が一つ、もう一つがこのベランダの境界だ。しかし最近、プライバシーが確保できるということで、ベランダの境界を通り抜けられないマンションが人気のようだが、そのような場合はベランダに下の階に降りることができるハッチがついている。これによってちゃんと2方向避難の原則をクリアしている。さらに玄関から廊下に出たあとも2方向避難のため、ふつうはマンションの廊下から下に降りる階段は2カ所についている。非常時にはエレベータは使用しないことになっているため、非常階段だけで二つ以上作る必要がある。

このように常に2方向避難の原則が守られていれば、ビル火災が起きても大勢の死者が出るようなことは少ないはずだが、実際は2方向が確保されていないために逃げられず死亡する例が大変多い。もちろん建築申請のときは2方向ルートがちゃんと確保されているのだが、生活してゆくにつれて荷物が増えたり、増改築などで仕様を勝手に変えてしまうなどで現実には2方向がすべての状況で確保されているとは限らない。

２００１年9月1日の奇しくも防災の日に起きた新宿歌舞伎町の雑居ビル火災は44人の死者を出した大惨事だった。この建物ではきちんとした2方向避難ルートが確保されていなかったことに加えて、狭い階段にはロッカー等の物品が大量に置かれており、これにより防火扉が閉鎖しなかったことも重なってしまった。

読者の皆さんも、2方向避難を妨げるような大きな荷物を自宅や事務所などに置いてはいないか改めてチェックしていただきたい。もしも塞がっていればもちろん法律違反だが、それ以

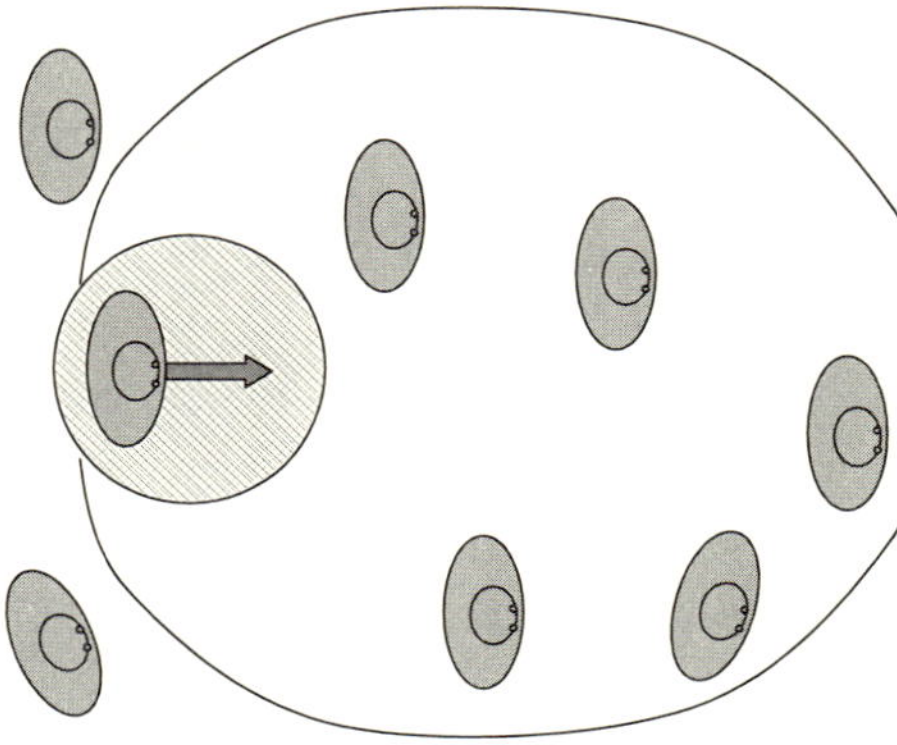

図５　パーソナルスペース（内側の斜線の円）の斥力圏と情報処理空間（外側の円）の引力圏。各々がこのような二つの円を持って行動していると考えられる。

上に自分の生命を危険にさらしていることになっているのだから。

## パーソナルスペースと斥力圏

これまでの話で、パニック状態での避難の際には他人に追従するような挙動を示すことを述べたが、基本的には人間は他人との距離をある程度維持しようと努めている。近くには寄るが、必要以上にあまり近づくのはお互い避けようとする。つまり、他人が近づいてくると不快に感じてしまうような自分の縄張りを無意識に人間は持っている。この領域はパーソナルスペースという名前で呼ばれている〈図５〉。物理学では反発する力のことを「斥力《せきりょく》」と呼んでいるため、パーソナルスペースは人の持つ斥力圏と考えることができる。

このパーソナルスペースとは、人を自己駆動粒子としてみた場合、その排除体積と考えることができる。排除体積は通常の粒子の場合は自分の体の大きさだが、このように自分が確保したい領域を体の外に持っているならば、それが侵害されないように行動するため、あたかもその大きさの粒子になっているとも考えられる。その距離は、人の密度や速度などによって変わるし、また知り合い同士の場合の距離は短くなる。かなり親しい場合の距離は50㎝以下といわれており、文字どおりその間に他人が入れない距離だ。赤の他人の場合は3m以上離れようとする傾向もあるそうだが、混雑してくるとその限りではない。逆に自分の持つパーソナルスペース以上の距離の確保が難しくなったときに、周囲が混んでいると感じるのだろう。

パーソナルスペースに関しては心理学と絡んでいろいろ興味深い研究がある。たとえば、刑務所内での囚人たちがかかる心身症などの病気は、長期にわたるパーソナルスペースの侵害によるストレスが原因になっているともいわれている。また男子トイレにおいて、すぐ隣同士に立つと用が足しづらくなるが、これもこのパーソナルスペースの侵害が排尿行為に影響していると考えられる。

相手が権威のある人の場合、パーソナルスペースが大きくなることも知られているが、「近寄り難い存在」という表現がまさにこれに相当するだろう。しかし逆に高名な人でも、自ら相手の方に近づいてゆく場合もある。特に海外ではそのような傾向が強いと感じる。偉い人と話す場合、日本人は目を伏せがちにして少し離れた位置で話す。武家社会の伝統なのか、あまり近づかない方が礼儀正しいとされる。しかし欧米ではふつうはまず握手をして、相手の目をしっかり見て話すのが礼儀なので、私はパーソナルスペースの大きさを外国ではスイッチして使い分けている。

## 情報処理空間と引力圏

さて、このパーソナルスペース以外にも、人間は実際に目で見える、より広いスペースの情報も利用して行動している。この空間をここでは情報処理空間と呼ぼう。人間は目（や耳）に入ってくる刺激から常に周囲の状況を判断し、その情報をフィードバックして次の行動に備えようとする。この周囲の状況判断は、通常、自分から約5m程度前方に広がった楕円の形をした領域内で行なわれるといわれている〈図5〉。

人間は顔が前に向いていても、通常は真横まで見えるので180度以上の視野がある。したがってほぼ図のような形の領域内の情報に注目しており、その中にいる人や障害物などに気を配って行動している。特にパニック状況では他人への追従が見られるということで、この情報処理空間の役割は大切だ。この空間がいつもどおり十分確保できない場合に人間は不安になる。そしてその心理的圧迫感がさらに強いパニック状態を引き起こす可能性もある。煙や停電などで視界が悪くなっている場合や、障害物などで実際にこの視界がさえぎられている場合がそうである。

以上、パーソナルスペース内では常にお互い「斥力」を感じるが、情報処理空間はパニック時に引力圏になり、これが他人から感じる力だ。これは有名なハリネズミのジレンマという話と似ている。愛し合うハリネズミは近づきすぎると針が刺さって痛いが、お互い遠くに離れたくはない。お互いが落ち着く適当な距離が存在するのだ。

この相互作用の性質だけでいえば、ニュートン粒子の相互作用とも良く似ている。ニュートン粒子では、分子間に働く相互作用の力は、通常は近距離では斥力、離れると引力になる力なのだ。もちろん、人の場合は自己駆動で非常口に向かうなどという運動の方向性があるし、力は作用＝反作用の法則を満たさないため、その集団としての運動の様子はニュートン粒子とは決定的に異なる。

## 群集の動きもモデル化できる

さて、これまで人の避難行動やお互いが感じる力に関して詳しく見てきたが、これらを考慮に入れることにより、自己駆動粒子としての人の動きをセルオートマトンを用いてモデル化してみよう。

火災などの緊急事態における人の避難行動の研究は実際の状況での実験が困難なため、コンピュータによるシミュレーションが近年注目されている。モニターの中の仮想実験を通じて、実際の実験が不可能な様々な状況下での群集の行動を調べることができると期待される。

しかし個々の人間の行動をどのようにモデル化するかによって、その全体の振る舞いは変わってしまうだろう。信頼できる計算結果を出すためには、前節で述べたような避難状況における人の行動をきちんと考慮に入れたモデルを構築することが何よりも重要だ。正しいモデル化をしていかないとまったく誤った結果を導いてしまう可能性もあり、特に避難行動は人間の生命に直接関わる問題であるため、慎重に研究を進めていかなくてはならない。だからといっていろいろな細かい要素までも考えに入れすぎると、モデルが複雑になりすぎて結果の整理や解釈が大変困難になってしまう。以前述べたとおり、モデル化とは、実際のおおまかな現象が再現できるような要因をルールにうまく入れつつ、しかもなるべくシンプルなもので理論的に扱いやすいのが理想だ。そして良いモデルができれば、それを通して得られた知見を今後のさらなる精緻な法整備や避難安全基準作りに生かしてゆくことも考えられる。

セルオートマトンのメリットは、ルールを付け加えてゆくだけなので複雑なケースでも比較的容易にモデル化できることであり、このような避難シミュレーションにはとても適している。そして、群集心理学や様々な観測事実の検討によるこれまでの研究から、どのようなルールが群集行動を本質的に表しているのかが次第に明らかになってきた。

現在我々が研究を進めているセルオートマトンモデルは、フロアフィールドモデルという名前がつけられ、これまで様々な観測事実の再現に成功してきている。詳細はこの章の終わりにある講義を参照していただくことにして、このモデルで得られた興味深い避難計算例を以下に二つ紹介したい。

## 航空機からの避難

建築物だけでなく航空機からの脱出に関しても、避難の際の安全基準は決められている。特に国際航空運送協会（ＩＡＴＡ）に加盟している世界の航空会社約２７０社の航空機には、アメリカ連邦航空局が制定した規則にしたがって、脱出の際に90秒ルールというものが義務づけられている。これは、緊急時に乗客乗員全員が航空機のすべての脱出口のうちの半分を使用して90秒以内に脱出が可能でなければならない、というものだ。この基準にしたがって航空機には必要な数だけの脱出口が設けられている。また半分にする理由は、航空機事故で非常口のいくつかが使用不能になることを想定しているためだ。航空機メーカーは航空機を作る際には、定員数の乗客乗員を乗せてこの90秒脱出を実際に試験している。

たとえばボーイング747‐400型機は最大搭乗数568名で12カ所の脱出口がある。この値から建築基準法の流動係数を借りて、脱出時間を仮に見積もってみよう。脱出口は6カ所のみ使用するので、定員を6で割って一つの脱出口あたり約95人の人が脱出する計算になる。もし脱出口の幅が1mならば、流動係数より1秒で1・5人出られるので、95人出るのに約63秒になる。確かにこの計算上では90秒以内で全員が脱出できることがわかってちょっと安心するが、実際には流動係数の値は変動していることが考えられるため、このような計算だけでの安全確認は危険である。

イギリスで行なわれたある小型航空機からの脱出実験のデータが〈図6〉の左のグラフだ。この実験では、脱出口の幅をいろいろ変えて全員が避難し終わる時間を測ったという意味で興味深いものである。そして逃げる際の条件として、お互い競争して逃げるケースと、譲歩協力して逃げる場合の2通りで実験した。実験において、乗客の競争状態をどのように作り出したのかというと、早く脱出した人には賞金を与える、というアナウンスをしたそうだ。

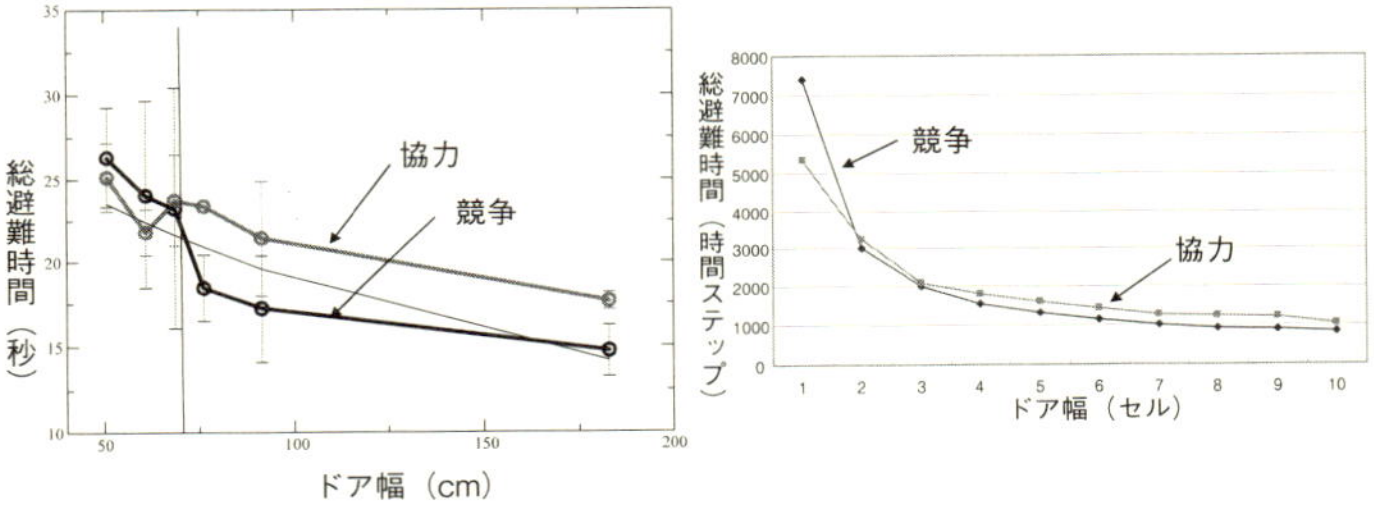


図6　飛行機からの脱出実験（左）とフロアフィールドモデルによるシミュレーション結果（右）。どちらもドア幅が大きい時は競争した方が早く、狭いときには協力した方が早く避難できることを表している。

さて、全員が脱出し終わるまでの時間を見ると、興味深いことにドア幅が人間の肩幅よりちょっと広い約70cmより広ければ競争したほうが早く逃げられるが、70cmより狭いと、譲歩協力し合って逃げた方が早い。これはミンツの実験とよく対応する結果だが、出口が狭いときには競争すると人のアーチが形成されて流れが詰まったり、またちょっとそのアーチ状態が続くと急にどっと流れたりを繰り返す間欠的な状態が見られるようになる。それにより流動係数は結果的にかなり低下してしまい、避難時間は長くなってしまう。しかし出口が広ければ、皆が競争してもアーチアクションは発生しないので、最終的に全員が早く出ることができる。総避難時間を短くするためには、扉の幅によって避難戦略を変えるのがよい、という結果は興味深い。実験では人の肩幅よりちょっと広い程度でこの逆転が起こった。

そしてこの結果は〈図6〉の右図に示されているようにフロアフィールドモデルでのシミュレーショ

ンによっても確かめられた。計算でも確かに約2セル分の扉幅で競争と協力状態で避難時間が逆転している。以上より、一般に幅が狭い場合は、お互い譲り合った方が結局皆が出終わる時間が早くなることがわかったので、私はどんなに気が焦っているときでも、余裕を持って譲歩できるジェントルマンでいたいと思う。

## 障害物があるとスムーズになる

もう一つ興味深い結果を示そう。それは、避難口の付近に障害物をわざと置くと、避難時間が短くなる場合がある、ということだ〈図7〉。逆説的で、にわかには信じ難いが、実験でこのような現象が起きることが知られており、フロアフィールドモデルでのシミュレーションでも確認できた。もちろんいつでも避難時間が短くなるわけではない。皆が譲歩協力しているときには障害物の影響は少なく、競争しながら逃げているような状況でこの障害物の効果が現れるようだ。そして障害物の位置によっては総避難時間がかえって長くなってしまう場合もあるので注意が必要だ。最も短くなるのは、シミュレーションの結果では非常口の正面ではなく、ちょっとだけ横にずらして障害物を置く場合であった。

しかしどこにどのような障害物を置けばこのような避難時間が短縮される現象が起きるのかははっきりとわかっていない。その原因についてもいろいろな説があり、障害物により大きな流れが分散されて小さなまとまった流れになり、非常口の手前で大きなアーチが形成されにくくなるからだともいわれているし、障害物が人の圧力を支えてくれるからだと考える人もいる。

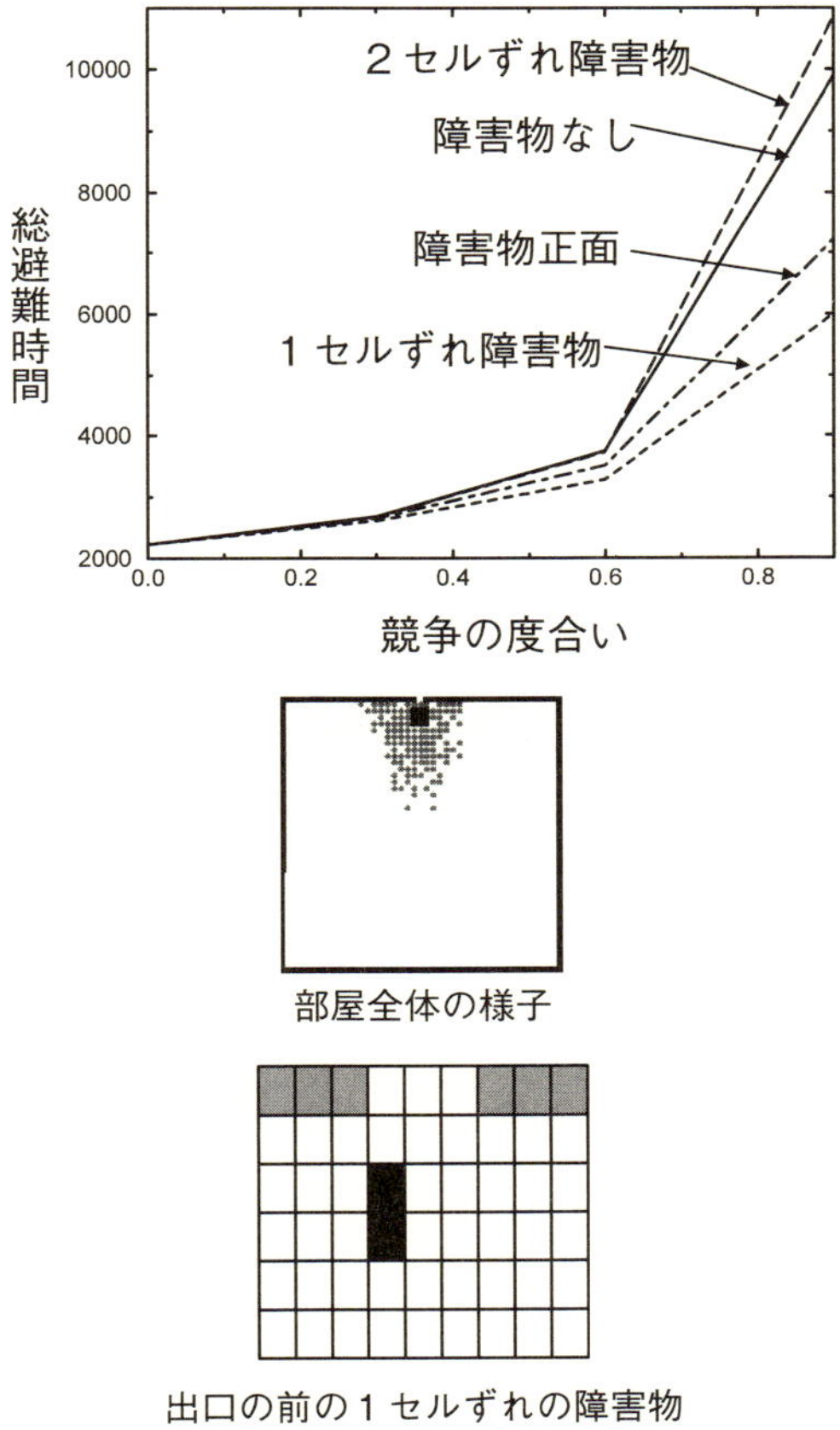


図7　出口付近に障害物を置いたときの総避難時間の変化のシミュレーション。上図横軸は競争度合いを表しており、右に行くほど競争しながら逃げる状態に対応している。そして、下図下にあるように中央から一つセルをずらした位置に障害物を置けば総避難時間が一番短くなっているのが分かる。

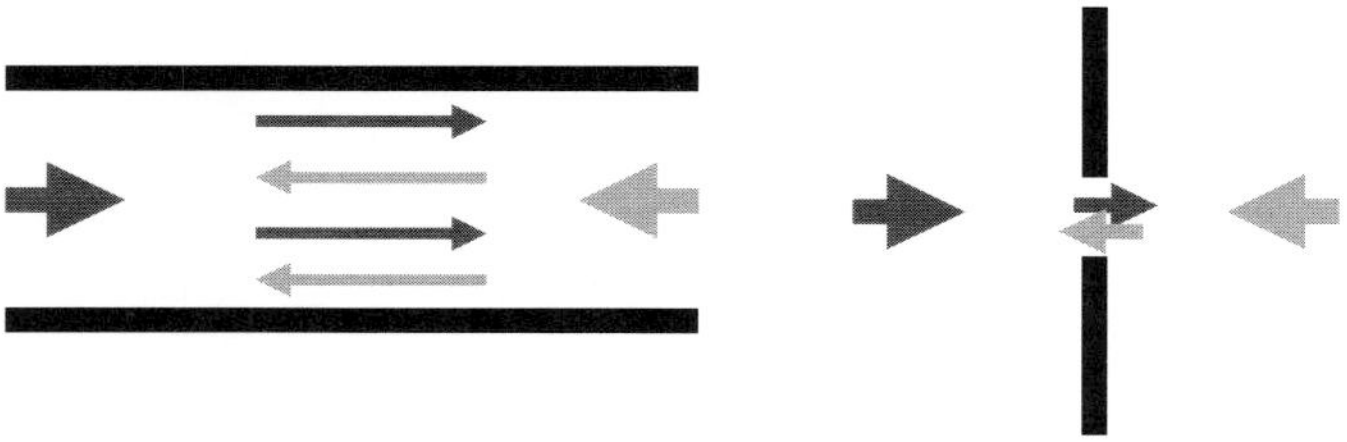

図8　通路を通る歩行者の振る舞い。左はレーンができている様子、右は狭くなっている場所（ボトルネック）での振動的流れの様子。

このしくみが解明されれば、電車やイベント会場などの出口に設置して混雑緩和対策として役立つ日が来るかもしれない。

## 駅ではこう歩いている

最後に、パニック状態ではない群集の振る舞いについて考えてみたい。たとえば駅構内では分類でいえば「会衆」という状態で、各人は目的地まで電車に乗るために集合している。そして駅では複数の電車があるため、様々な人の流れが交差している。この流れの制御はとても重要で、特に朝のラッシュ時は流れに沿ってきちんと歩かないとかなり危険な状態になる駅もある。会衆をパニック状態にさせないために、駅員は毎朝大変な努力をして群集を誘導している。まずは単純な状況として、ある通路を左右から人が歩いてくるケースから見てみよう〈図8〉。

図の左側で、右に歩く集団と左に歩く集団が一つの通路に入ってきたら何が起きるのだろうか。両集団の人数が極めて少なければ、正面衝突もほとんどなく、個人レベルでお互いうまくよけ続けてゆけば通行にはまったく支障はない。少し混雑してくると、正面で出会う確率が高くなってくるので、いちいちよけるのはかなり面倒になってくる。そこで人間は賢いので、前の人に続いて歩こうとする。こうすれば前の人がよけてくれた方向に自分もついてゆくことで、相手との衝突を簡単に避けることができる。反対側を歩く人も同様の戦略をとってくるので、しばらくすると図のように綺麗なレーンが自然に形成される。

ただし、左方向と右方向を向くレーンが最終的に何本できるかは、左右の人の発生のばらつきにもよるので一概には決められない。レーン形成にとって重要なのは、前の人についてゆくということであり、このルールが入っているフロアフィールドモデルでもこのレーンの自発的な形成は簡単に確認できる。興味深いのは、左によける確率が高い、などという左右の動きの「非対称性」をルールに入れなくても、ついてゆくルールのみでレーンが形成されることである。このように対称的なルールのみから非対称な流れが生じるため、これを物理学では「自発的対称性の破れ」と呼んでいる。このレーン形成は日常でも見られる群集の基本的な性質で、それゆえこの現象をモデルでちゃんと再現できるかどうかは、そのモデルが妥当なものかどうかを決める最低条件だ。

さて、さらに人の数が増えるとどうなるだろうか。この場合、相当うまくレーンが形成されない限り、正面衝突してすり抜けられずにいたるところでお見合いが起こり、流れが完全に止まってしまう。たとえば朝のラッシュ時の通路はそのような状態を引き起こすのに十分な人口密度だ。ある密度を超えると自発的なレーン形成は困難になるのだ。これも一種の相転移といえる。
それゆえ、駅員の誘導や、通路にあらかじめ矢印線を引くなど外から流れをうまく制御する必要がある。なお、通路の中央に柱を配置するのもレーン形成を促すのに有効だ。まるで道路の中央分離帯のような効果があるのだろう。

この章の冒頭で述べた明石市の事故は、このレーン形成の限界をはるかに超えた密度で起きた。自発的なレーン形成が期待できないような高密度の場合、危険回避のために必ず誘導員がいる必要があり、そうでない場合には通路が閉塞してしまう。さらに両端から人が入り続ければ、もうこれ以上水平方向には動けないため、垂直方向の動き、つまり転倒などが発生し、容易に群集雪崩が起こってしまう。

さて、レーンができたときに、どのレーンがどちらの向きの流れになるのかは、どうもその国の車の走る方向と一緒になっているようだ。たとえば日本では道路は左側通行だが、ドイツでは右側通行だ。そしてドイツで歩いていて感じたのは、前から私の方に近づいてくる人は、私の向かって左によける場合が圧倒的に多かったことだ。私は左側通行が体に染み付いているのか、同じく左によけてぶつかってしまうことが多かった。ドイツ人にとっては右側を進むのが基本なのだから、右によけるのが当然のよけ方なのだと気がついてからは、街を歩いていて正面衝突することは少なくなった。

## 温めると凍結する？

レーンができているときでも、群集がパニック状態に変化すると状況は一変する。この場合は人口密度がレーン形成の限界を超えていなくてもレーンがうまくできず、左右の流れがぶつかってしまいどうにも動けない状況が発生する。第1章でも述べたが、群集の温度という概念を導入するとこの現象は物理的に考えやすい。冷静なときは群集の温度が低く、パニック状態のときは温度が高いと考える。このイメージはわかりやすいだろう。パニックになると皆の頭が高熱でのぼせている感じだ。そして、パニックで通路の閉塞が起きるということは、温度が低いときの整然とした流れが温度上昇によって乱されて停止する、ということを意味している。

この現象は、ドイツの自己駆動粒子系の研究者のヘルビング教授によって、「加熱による凍結」(Freezing by heating)という洒落た名前がつけられた。流れが停止して誰も動けなくなる状態は、まさに液体から固体に状態が変化したことを意味しているので、温めると凍結する、という逆説的な表現が研究者にインパクトを与えた。

## 狭い箇所でのすれちがい

〈図8〉の右側も群集の正面衝突だが、今度は広い通路でなくボトルネック部の通過の様子である。この場合の流れを観測すると、ある時間は右向きだけ、そしてある時間は逆に左向きだけ、という繰り返しの流れが起きることが知られている。これはボトルネックでの「振動現象」といわれている。この振動はやはり競争と譲歩が鍵を握っている。右向きの流れが続けば左に行こうとしている人のストレスが増大し、顔つきが険しくなってくる。その怖そうな表情を見た右向きの流れの誰かがちょっと躊躇して譲歩のそぶりを見せる。すると左向きの流れが一気に始まり、また同じことが繰り返される。

この振動の周期などもまだわかっていないが、興味深い問題の一つだろう。ちなみにこの振動もフロアフィールドモデルできちんと起きることが確かめられた。これまでフロアフィールドモデル以外にもいくつか群集の動きを表すモデルは提案されてきたが、レーン形成は再現できても、この振動現象が再現できないモデルが多い。

次に正面交差ではなく、直角に交差してゆく流れではどのような現象が見られるのかを述べる。そこでは密度のストライプパターンというものが現れることがオランダでの精密な実験によって確認されている〈図9〉。上から見ると、ちょうど斜め方向に右向きの人の列と上向きの人の列が交互に現れる。うまく交互に通り抜けようとして結果的にこのようなパターンが出現するのだが、その詳細はまだ不明だ。最近我々もシミュレーションによりストライプを出すことに成功したので、そのメカニズムを現在研究中である。

## 広告はどこが効果的か？

駅構内の流れは、実は鉄道関係者だけでなく広告関連業界も注目している。なぜならば、人の歩行速度が遅くなるところは、それだけ周囲に気が配れるので広告を見る確率も高くなるからだ。駅にポスターを貼るならば、できるだけ目立つところが良い。そして目に触れる時間が長ければ長いほど良い。それゆえ、たとえば人の直線的な流れがあれば、その正面の壁の少し

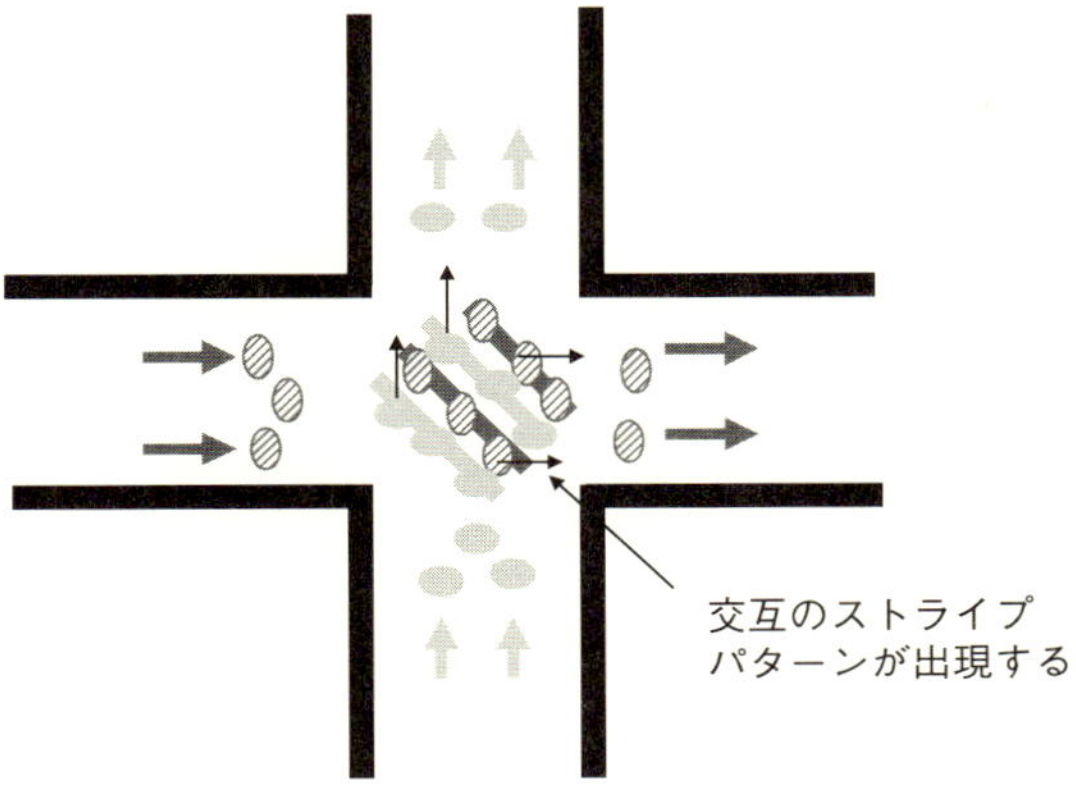


図９　交差路におけるストライプパターン。異なる方向に進む人が交差点で織りなしている。

上の方に大きなポスターを貼ることで、通路を歩いている間ずっと目に入る。また流れがよどむところなども歩行速度が極めて遅くなるので効果的だ。私がいつも記憶に残るポスターは、地下鉄丸ノ内線本郷三丁目の駅の上りエスカレータ付近に貼ってあるもので、ここは常に電車から降りた人が上りのエスカレータ待ちのために滞留しているところだ。ここまで計算してこのポスターが貼ってあったとしたら、この広告スペースに気づいた人は素晴らしい。

**動く歩道で渋滞をなくす**

最後に動く歩道について一つ提案したい。通常、動く歩道は、長い距離歩かなければならないところに設置してある。そのベルトの移動速度は秒速約０・６ｍで、もしもこの歩道の上をさらに歩くとすると、この０・６が人の歩く速度に足されるためにかなり速く進める。空港や

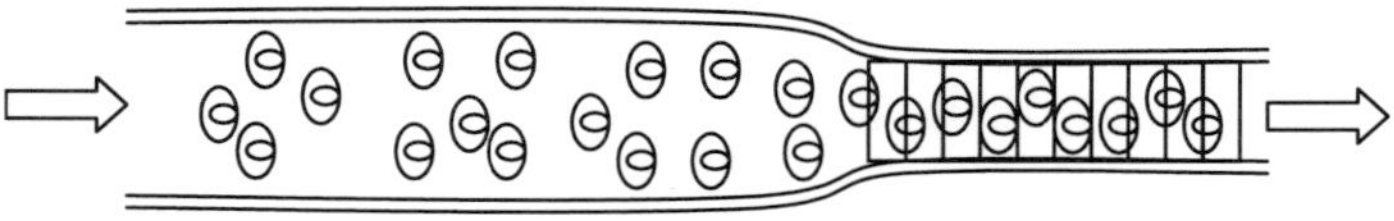

図10　動く歩道によるボトルネック渋滞の解消。通路の細くなる場所に動く歩道をつけると渋滞の解消になるか？

地下鉄乗り換えなどでは大変ありがたいのだが、実はこれは渋滞解消にも使えるのだ。

第1章で、ボトルネックで人の速度は遅くなり、その手前で滞留することを説明した。そこで、道幅が狭くなる通路の部分にこの動く歩道を設置すれば、ボトルネックの渋滞はなくなるのではないだろうか。つまり道幅が狭くなれば速く動くようにすれば良いので、動く歩道をここに導入すれば人の速度を上げることができる〈図10〉。まさに人の流れを水の流れのようにする作戦だ。

たとえば、人の歩行速度が常に秒速1m、動く歩道のベルトが秒速0・5mとしよう。すると人は動く歩道の上で地上に対して秒速1・5mで歩くため、道幅が3分の2に狭くなっても滞留は起きない計算になる。動く歩道をこういう用途で使っている話を私は聞いたことがないので、狭くなる道での滞留に困っている場合はこれを試す価値はあると思う。ただし、動く歩道の上で立ち止まらないことが前提なので、実際にこれを導入する際には高齢者、障害者へ配慮しつつ、立ち止まるのを防止するような何らかの工夫が必要である。

## 第3章の要点

①人は「自己駆動粒子」であるが、お互い密着した状態では自己駆動性が失われてしまい、「ニュートン粒子」に近くなる。また、密着の極限状態で起きる悲劇が「群集雪崩」である。
②人はパニック状態では知性の低下により他人の動きに追従する傾向を示す。
③避難時に皆が非常口に殺到すると、アーチアクションが発生して出口でつかえてしまう。この際に競争と譲歩のバランスが重要である。そして避難時に何よりも重要なのがリーダーや指示の存在である。
④人は自分の領域である「パーソナルスペース」を持っており、他人がこの領域に入ると「斥力」を感じる。また、同時にある程度広い範囲の情報処理空間も利用して行動している。
⑤群集の避難行動を「フロアフィールドモデル」というセルオートマトンのモデルでシミュレーションした結果、障害物を扉の前に置いた方が総避難時間が短くなる場合があることがわかった。
⑥通路で対向する人の流れがある場合、密度があまり高くなく、かつ冷静な状態であれば、お互い衝突を避けようとして自然にレーンができる。

## 渋滞学講義Ⅱ　「群集の動きのモデル化——フロアフィールドモデル」

群集の動きをモデル化する際には、様々な社会心理学的な要素のうち、重要な行動決定要因を抽出してルール化する必要がある。そのようなモデルがいくつかこれまで提案されてきているが、現在我々が研究を進めているものがフロアフィールドモデルといわれるセルオートマトンモデルだ。以下にこのモデルの詳細を紹介しよう。

これまで述べてきたASEPは1次元の直線上しか動かなかったので、まずそれを2次元格子状に拡張しなくてはいけない〈図11〉。まず、一つのセルには一人しか入れないとするのは同じだが、簡単にするため東西南北の四つのセルのどれかのみに次の時刻で動くとする。すでに人がいるセルにはASEP同様に動けないとするので、たとえば〈図11〉では西方向へは次の時刻には動けない。これは車のときと同様に排除体積効果を表しており、そしてセルはパーソナルスペースに対応していると考えてもよい。

問題は四つのセルのうちから動く方向を一つ選ぶルールだが、これこそが群集心理学的な考察で決めるべきものだ。今回は建物からの避難を想定しているので、これに沿ったルールを次のように考える。まず冷静なときは人間は非常口までの最短ルートに沿ってまっすぐ進もうとする。そしてパニックになればなるほど他人に振り回されるようになってくるため、周囲の他の人の動向に自分の行動を合わせようと追従する。このフロアフィールドモデルでは、最短ルートで逃げるのか人に追従するのか、という二つの判断のバランスこそが避難時において人間の行動を決定する最も重要な要因だと考えた。そしてこの二つの比をパニック度と呼ぶ。パニック度が高くなってくると、人に追従しようとする傾向が強くなり、お互いについてゆく行動をとってしまうことで非常口までの最短ルートから外れてゆく。

このモデルにはちょっと工夫がしてあり、人についてゆくことを、次のように考える。まず人が通った足跡が仮に床に残っているとすると、人についてゆくということは、足跡の多い方向に動くとい

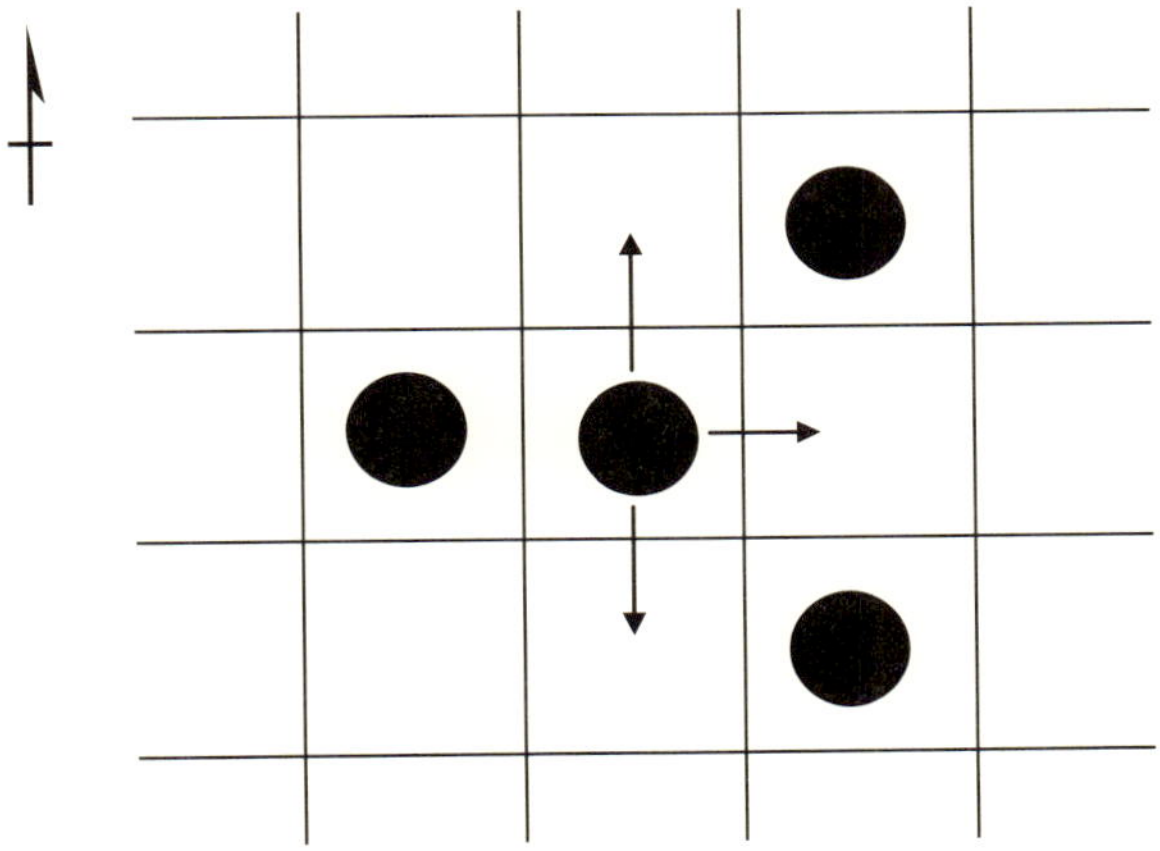

図11　人の２次元平面での動き。人は東西南北の四つのセルのうち、空いているところに移動する。

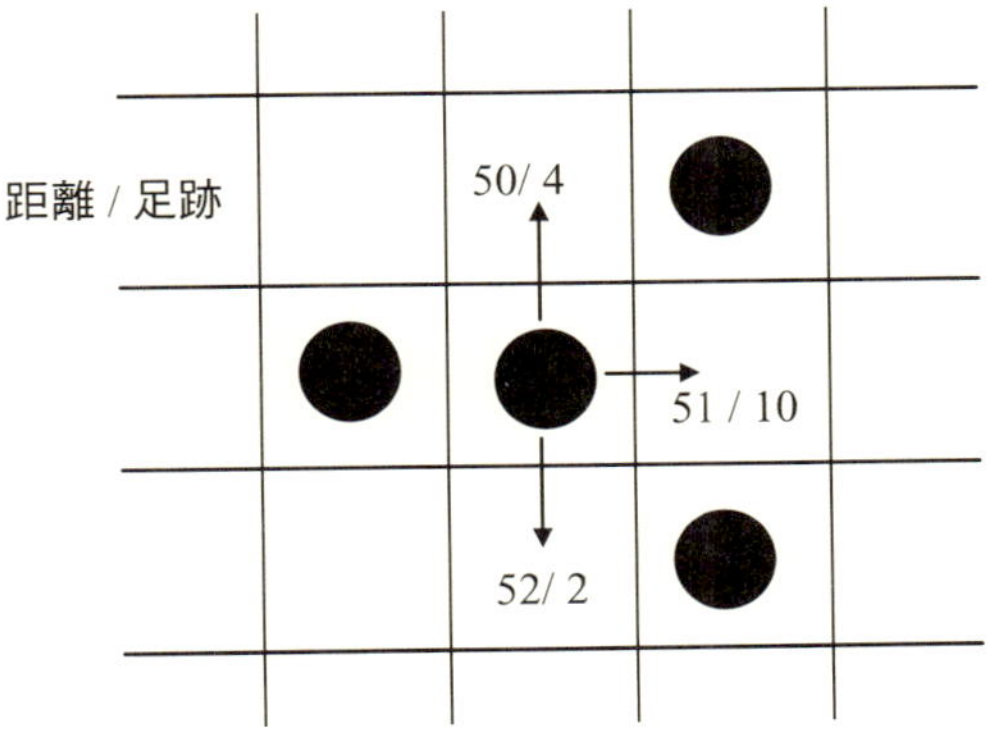


図12　各セルに記入された距離と足跡の二つのフロアフィールド。この図の場合、最短距離で選べば北のセルが非常口に最も近く、足跡数では東のセルが最も多い。パニック度に応じた確率で北に進むか東に進むかが決められる。

うことになる。このアイディアを生かして、人が通ったセルには必ず足跡を残すことにすれば、東西南北の四つのセルで人の足跡の残っている数の一番多いセルを選ぶ、ということが人の集団についてゆくことにほぼ対応している。

ただし、人間の視覚の情報処理は前に述べたとおりある範囲内だけを見ているので、ある範囲にいる人のみを見るということを表すために、セルに記録された足跡は一定時間たてば消すようにする。もしもいつまでもセルに足跡を残しておけば、それはかなり遠方まで見通せていることになってしまう。したがって、こうしていつまでもセルに足跡を残さないということが、有限の距離の視覚情報処理と対応していると考えることができる。またこの足跡のアイディアは、実は次の章でアリの行動を考える際に重要になる「フェロモン」と似たものである、ということが分かるだろう。

パニック状態ではこの足跡の数が多いセルが選ばれやすくなり、これにより他人への追従挙動を表すことができる。ちなみに人を避けようという動きをモデル化したい場合は、この値の小さいセルの方に進む、というルールにすればよい。一方で冷静時の行動は非常口までの最短ルートになるセルを選ぶとする。もちろんその前提として、避難する人は建物をよく知っているとし、障害物や非常口の位置などをすべて把握していると仮定する。

以上をまとめると、各セルには人以外に二つの情報が書かれている。それはそのセルを踏んだ足跡の数と、そのセルから非常口までの最短距離だ。フロアに描かれた足跡数の情報を「動的フロアフィールド」といい、最短距離情報を「静的フロアフィールド」と名づけることにする。足跡の数は各時刻で変化するので動的、最短距離の情報は不変なので静的という。この二つのフロアフィールドを参照しながら人が避難してゆくモデルだ。そして静的フロアフィールドの方から決めたセルに行くか、動的フロアフィールドから決めたセルに行くかは確率で決めるのだが、パニック度が高いと足跡が多いセルに動く傾向が高くなり、パニック度が低ければ最短ルートで動こうとする〈図12〉。つまり、このパニック度というものがモデルに自然に導入されており、まさに避難シミュレーションに適している。

このモデルにはもう一つ重要なルールがある。1次元のASEPとはちがい、人は東西南北どの方向にも動けるので、同じセルに同時に人が進もうとする「競合」が起きる場合がある。一つのセルには一人しか入れないので、この場合、同時に進もうとしたうちの誰か一人だけが動けるか、あるいは皆動けない、とするかの2通りのルールが考えられる。実は前者が「譲歩」に対応し、お互いがどうぞと譲り合うような協力関係にある避難者の行動を表している。そして後者のだれも動けない状況は、まさにミンツの実験に相当し、お互い競争し合ってしまいアーチを形成している状態を表していると考えられる。つまりこの二つのルールを切り替えることにより、このモデルで避難戦略での競争と協力についても表現できる。これを用いた計算例が107ページの〈図6〉の右だ。

以上がフロアフィールドモデルの要点だが、その他に人間の心理をとりいれるため随所に細かい工夫がなされている。たとえば、人間は歩行の際の加減速をなるべく少なくしようとすることが知られており、なるべく一定の速度を維持しようと努めている。方向転換もエネルギーを使うので直進を続けようとする。これは物理の言葉でいえば、一種の人の慣性効果を表している。そして、慣性効果を入れるためには、自分が動いてきた方向を変化させないセルを選ぶ確率を少し高く設定すれば良く、このモデルにもそのようなルールが導入されている。そしてこのモデルはフロアフィールドのおかげでとても計算時間が速いこともコメントしておこう。通常、周囲の人を見て動くような計算をすると、毎回他人がどこにいるのかを広い範囲で調べる必要があり時間がかかる。しかしこの足跡モデルでは

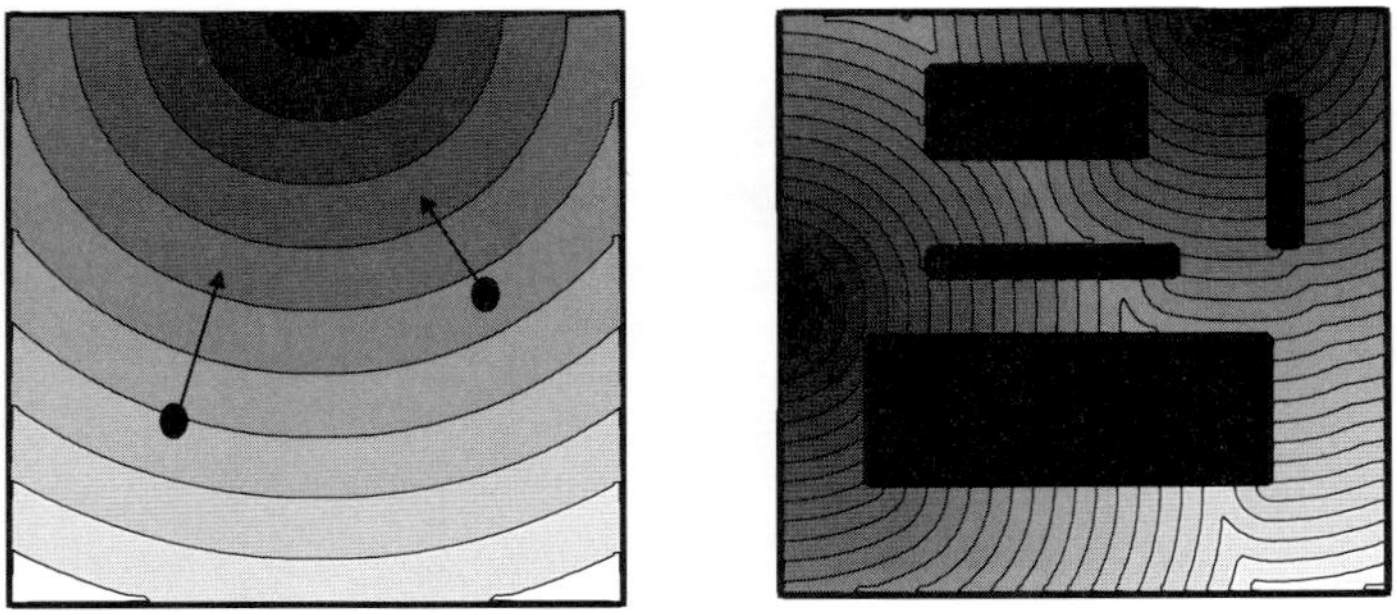

図13　上部中央に出口が一つだけある居室（左）と、障害物が四つと出口が二つある複雑な居室（右）における等距離線の様子。障害物がある場合、それを迂回するため等距離線は曲がる。

東西南北の4セルのみ見れば良いので、複雑な建物の場合の計算では劇的に計算時間が短縮される。

最後に静的フロアフィールドにおいて、最短ルートのセルをどのようにして求めるかということについて述べよう。それは出口までの「等距離線」がわかればよい〈図13〉。左図では、上部中央に出口が一つだけある居室の場合の出口からの等距離線を描いたものだ。色の濃いところが出口に近く、薄くなると遠いことを示している。等距離線は出口を中心とした同心円になり、人は図にあるとおり、この曲線に垂直に動いてゆけば最短で出口に着く。出口が一つしかなければ皆この等距離線を垂直に横切って動いてゆく。もう少し複雑な部屋の等距離線が右図だ。この場合は部屋の中に障害物が四つあり、出口が右上と左中央の二つある居室で、等距離線は障害物を迂回するために曲がってくる。

この部屋の場合も、描かれた等距離線に垂直に人が動いてゆけば最短距離で扉まで到達できる。そしてどちらの扉が近いかもこの等距離線でわかる。このような等距離線を自動的に描くアルゴリズムは本書の範囲を超えるので割愛するが、それを前述の静的フロアフィールドの計算に利用している。

# 第4章　アリの渋滞

## 列の秘密はフェロモン

小さい頃、舐めていた飴玉を家の庭に落としてしまい、そのまま放置しておいたことがある。しばらくするとそこにアリがたくさん集まってきて、びっくりしたのを覚えている。飴のまわりに群がったアリはきちんと1列になって草むらの方につながっていた。そこでその列を崩そうといたずらを考え、途中に石ころを置いてアリの通行を邪魔してみた。石に上り始めるやつもいれば、どこかに歩き出すやつもいて混乱していたのだが、しばらくするとまた石を迂回してちゃんと草むらの方向へ整然と一列になって動き始めた。

どう見ても地面には目印などがないのに、なぜ細い道の上を歩いているように1列で歩けるのか。その当時は、あまり深く考えずにきっとアリは真面目な性格なんだろうと勝手に納得していた。そう思ったのは、イソップの童話『アリとキリギリス』の影響かもしれない。

アリが1列で歩けるのはフェロモンといわれる化学物質のおかげであることを知ったのは、だいぶ後のことだった。そしてアリは基本的に目が見えないことも知った。暗い地中で生活する動物は目が退化するそうだ。そのため、仲間が落とした化学物質の匂いが頼りだ。いわば目でなく鼻を使って行動するのだ。この化学物質があるところに沿って歩く様子を外から眺めると真面目に1列で歩いているように見えるのだ。

この化学物質はボールペンのインクに含まれているフェニルセロソルブという化学物質と似ている。したがって、ボールペンで引いた線の上をアリが歩く、ということが起きるが、この話はフジテレビの人気番組「トリビアの泉」でも取り上げられた。ただし注意しなくてはならないのは、このフェロモンはアリの種類によって様々に異なるため、フェニルセロソルブによく反応するヤマトシロアリでないとうまくボールペンの線の上を歩いてはくれない。

アリはフェロモンをうまく交通整理に利用しているのだが、この化学物質を少し詳しく見てゆこう。そしてフェロモンを知ることで、何か我々の交通問題にも新しいアイディアをもたらすことができる可能性もある。

フェロモンは今から50年以上も前に、ドイツのノーベル化学賞受賞者のブテナントがカイコガの研究で見出し、その他の昆虫でも続々と発見された物質だ。行動を誘引する化学物質で、ギリシャ語で「運ぶ」という意味のpherein と、「興奮させる」という意味のhormon をくっつけて、フェロモン（pheromone）と命名された。

動物には一般に刺激に反応して行動する特性があり、それを走性と呼んでいる。その刺激が光の場合は光走性、また化学物質の場合は化学走性という。アリはこのフェロモンによる化学走性で動いていたのである。またその後の様々な研究で、ある種のアリは目が見えており、光走性も利用していることもわかっている。つまり太陽の位置などの情報も巣の位置関係の把握に重要な役割を果たしている。

フェロモンは生物が体外に分泌する化学物質で、様々な種類があり、そのちがいを利用して同種の個体を識別してコミュニケーションをする。しかもごく少量でも大きな行動誘引効果を持つことが知られている。たとえば、農業生物資源研究所の秋野順治さんによれば、1匹のアリが体内に持っているフェロモンの量は数ピコグラムから数ナノグラム程度（1gの1兆分の1から10億分の1）だが、それだけあれば数kmは動けるぐらいの量だそうだ。目が退化した代わりに、その機能を補うように嗅覚が発達したのだろう。ちなみに似たような名前であるホルモンとは、体内で分泌されてその個体のみに作用する化学物質であり、体外に分泌され他の個体に影響を与えるフェロモンとは異なるものだ。

### 3種のフェロモン

フェロモンには実はたくさんの種類があることが知られているが、ここではそのうち特に重要な三つを紹介しよう。まず、アリを1列で行進させているものが「道しるべフェロモン」といわれるものだ。アリは尻や足の裏などからこの物質を地面に分泌する。巣から餌までの経路にこのフェロモンを塗り、採餌や帰巣のために利用する。しかしこのフェロモンは揮発性が高く、地面に長時間残存せずに数分から数十分程度で蒸発してしまう。餌場が頻繁に変わるような状況ではこのフェロモンの性質は都合が良いが、ずっと長く経路の情報が残ってほしいときには問題がある。しかしハキリアリは比較的長時間持続するフェロモンを分泌するそうで、このアリは餌場があまり変わらないことから、自らの生態に適した物質を分泌しているといえる。

このフェロモンをさらに詳細に調べた京都工芸繊維大学の山岡亮平《りようへい》教授の研究では、アリは道しるべフェロモンを地面につける前に、足の裏から炭化水素を塗りつけていることが明らかになった。これはフェロモンが地面にすぐに吸収されてなくなってしまわないようにするためのワックスの役割を担っており、アリの素晴らしい知恵を感じる発見だ。この事実は、もともとは山岡教授のもとに黒澤明監督の映画「八月の狂詩曲」の撮影協力依頼があり、そこでの奮闘から生まれたものだった。映画の中のあるシーンで、バラの木に登るアリの行列を撮影する必要があったそうだが、道しるべフェロモンを塗ってもうまく動いてくれず、その理由を突き詰めてゆくうちに炭化水素を利用していることが発見されたのである。

そしてこの炭化水素は、不揮発性の化学物質で、同じ巣内のアリは同種のものを持っていることがわかっている。これはお互いグルーミングという行為で身づくろいをしながら体表物質を塗りあっていることによるらしい。こうしてコロニー内で敵と味方を区別しており、同種のアリでも違う体表炭化水素がついているアリを巣内に入れると喧嘩を始めてしまう。

次に、「警報フェロモン」というものだが、これは危険が迫ったときに、仲間に危険を知らせる役割を持っている。この作用により、外敵から逃避したり、集団で攻撃を仕掛ける行動を誘引することが知られている。逃げるか攻撃するかは状況によってさまざまらしい。私が幼い頃、経路の途中に石を置いたときも、きっとこのフェロモンが発せられていたのだろう。そしてそのフェロモンは緊急の役割にふさわしい化学的性質——広がる速度も速く、揮発性も高い——を持っていたのだろう。

最後に「性フェロモン」だが、ある意味でこれが一番良く私たちに知られているのではないだろうか。様々な動物で存在することが知られており、交尾のために異性を呼び寄せるフェロモンで、もともとブテナントが見つけたものがこの性フェロモンであった。通常はメスが放出し、オスはこれに惹きつけられる。しかし逆にオスが分泌してメスをその気にさせるものも知られており、求愛行動は複雑だ。また、この性フェロモンを撒いて蛾などの害虫を大量誘殺する方法なども研究されている。ごく微量で個体に直接働き、さらに毒性がほとんどないため、新たな害虫駆除法として注目されている。

人間では五感のうち視覚が最も重要で、逆にフェロモンを感じるほど嗅覚は発達していない。しかしこの化学物質の役割は果たして人にはまったくないのかどうかははっきりとわかっていない。匂いによって行動変化を起こさせるというのはあまりにも単純なために、高度な情報判断で動く人間にとっては、影響があったとしても副次的あるいは無意識なものだろうと思う。

よくマスコミでセクシーな女優のことをフェロモン女優などと呼んだりしているが、これは単なる性フェロモンの言葉のイメージから来るものだ。本当に匂いで男性を惹きつけるのであれば、男性は目を閉じていてもその人に魅力を感じるはずだが、実際は目に入ってくるその人の容姿から受けるインパクトに反応していると考えられるため、フェロモンの本来の意味とはだいぶ異なっている。

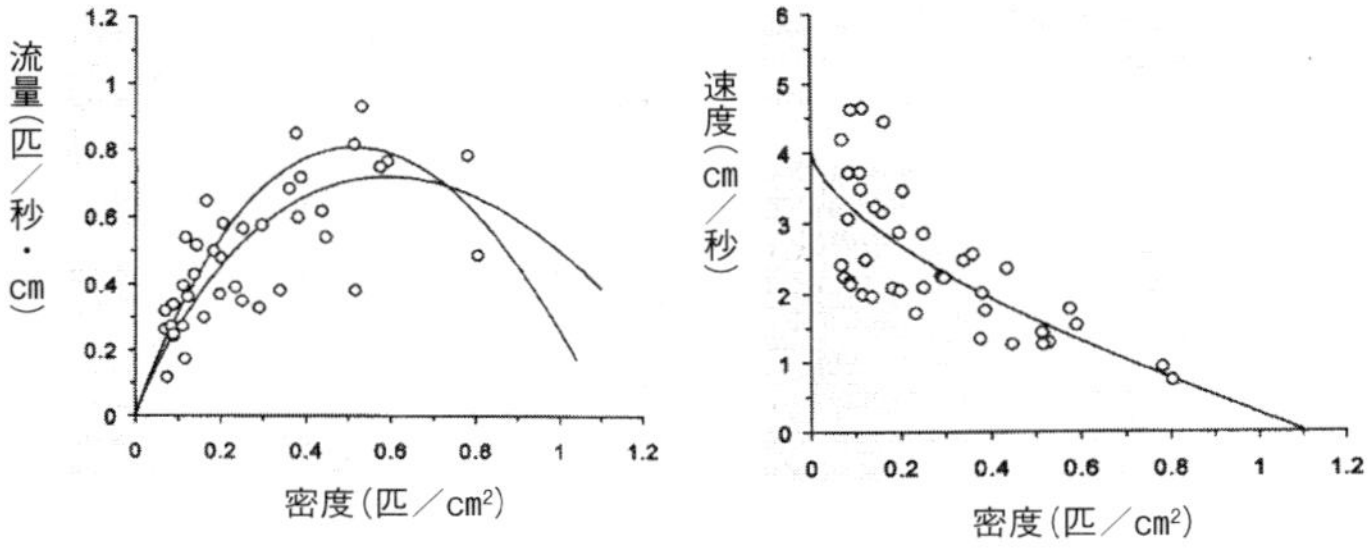


図１　ハキリアリの基本図。左は流量と密度の関係で、右は速度と密度の関係である。ハキリアリも混んでくると遅くなることが分かる。

ただ、各人自分の好みの香りがあるのも事実で、たとえば私は紅茶のアールグレイに使われるベルガモットの香りを嗅ぐととてもリラックスする。このような効果を利用して心と体を癒すアロマテラピーというのは案外人間の隠れたフェロモン反応なのかもしれない。

## アリと車の相違点

さて、アリの交通の話に戻ろう。アリは１列になって道しるべフェロモンの上を動くことがわかったが、１列になって動いているのはアリも車も同じだ。この両者を比較してみよう。

まず、アリ１匹の最大の速さはどのくらいだろうか。これはもちろん種類や個体、環境によって様々に変化するが、たとえばある種のハキリアリが自由に動いているときの速さは平均すると毎秒約５cmである。それではアリの集団を考えた場合、やはりアリも混んでくればこの速度が低下し渋滞するのだろうか。

この疑問に対して、オーストラリアのバード教授のグループが最近興味深い実験結果を提示した〈図1〉。これは、車と同様の基本図をアリについて描いたものだ。まず、右図はアリの速度と密度の関係を表したものである。これを見ると、アリは混んでくると確かに速さが遅くなっていることがわかる。アリも渋滞しているのだ。

そして左の基本図によって、車の場合と同じくアリの渋滞相転移の臨界密度がわかる。図から、アリは1㎠の領域に0・5匹が臨界密度、つまり約2㎝の長さに1匹いる状態から渋滞し始めていることがわかる。この実験でのアリの体長は約1㎝なので、「アリ間距離」が自分の体長程度になったときが渋滞の始まりだ。アリはこのぐらいまで直前のアリに迫っているときに邪魔に感じるらしい。右図から密度が薄い、つまり自由に動いているときは秒速4㎝以上の速さで動いているが、混雑すると秒速1㎝まで下がっていることがわかる。この図を見ると、アリと車の様子は大まかには似ていることがわかるが、車の場合に見られたメタ安定などの複雑な相転移はなさそうだ。

ただし注意したいのは、この実験はアリが1方向だけに向かって歩いているのではなく、巣から餌場、そして餌場から巣へと双方向に動いている状態を観測したものであるため、単純に車の交通と比較できないことだ。観測によれば一つの細い道の上を双方向に進むアリが混在しており、車のようにきちんと車線を形成せずに、お互いその都度よけながら動いている。したがって正面衝突が頻繁に起こっている状況だが、1方向に動く車の場合と同じように、双方向の流れでもその基本図から渋滞の様子が見て取れる。ある種の軍隊アリは、行きと帰りできちんと車線を作ってお互いがぶつからないように動くが、この実験のハキリアリではそのようなレーン形成はなかった。またこれは人の動きとも対比できる。前に述べたとおり、通路で人の双方向の流れがある場合、衝突回避のために左右に行く人のレーンが自然にできて流れがうまく分離されるが、このレーン形成はアリの場合はいつも起きるとは限らない。

〈図1〉の実験データは、ある意味で正面衝突の影響による渋滞形成の様子と考えられるが、双方向の流れは複雑なので、できれば純粋に1方向だけのアリの流れをまず考えたい。これにより初めてアリの渋滞と車の渋滞の比較検討が可能になるため、以下ではしばらく1方向の流れに絞って考えてゆこう。

車はドライバーの視覚から入ってくる情報をもとに動くのに対して、アリは視覚でなく嗅覚で行動していると述べた。つまり、アリは自ら動けるといっても、フェロモンの助けがあったほうがより速く動けるため、自己駆動粒子でありながら他のアリにも大いに手助けされている。いわば集団で協力しながら進む交通システムになっている。しかし車の場合は、他車の存在は自らの自由な走行を邪魔するほうに働く。これを考えてゆくと、アリの場合は単純に「混んでくると渋滞になる」とはいえないのではないか、と思えてくる。

車は車間距離が小さくなると遅くなり、逆に車間距離が大きくなると走りやすいので速く動くようになる。これは実際の高速道路のデータでもはっきりと確認されており、その様子を表したものが〈図2〉の左図である。もちろん車間距離がある程度以上大きくなってくれば、車は法定最高速度ギリギリで走ろうとするので、図にあるとおりほぼ一定の速度に落ち着くようになる。

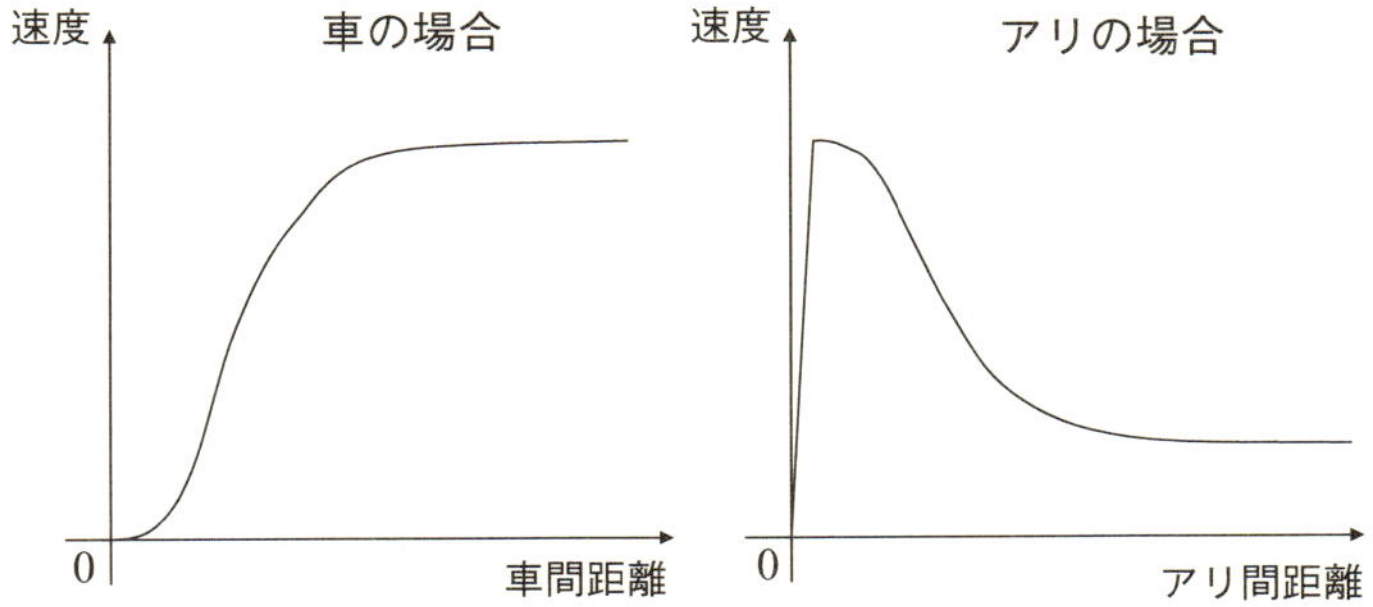


図２　車とアリそれぞれの車（アリ）間距離に対する前進速度の違い。車はお互いの距離が遠くなるほど速くなるが、アリは逆の傾向を示す。ただしアリの場合も極端に近づけば速度は落ちる。

これに対してアリは逆で、お互いの距離がある程度近いほうが速く動けるのではないだろうか。なぜならば、道しるべフェロモンは揮発性だからだ。前にいるアリが地面に塗りこんでくれたフェロモンは時間がたつと蒸発してしまう。したがってアリ間距離が小さいほうがフェロモンは蒸発せずに地面に残っている確率が高くなり、そしてフェロモンがあればアリは迷わずに進めるので速く動ける。両者のこの重要なちがいは〈図２〉にまとめてある。

この右側の図にあるとおり、アリの場合は、前方のアリとの距離が短ければフェロモンの助けを借りてスムーズに動けるため、速度は速いが、距離が離れてくるとフェロモンの効力が弱くなり前進する速度も落ちてくる。距離がある程度以上離れてしまうとフェロモンの効果がなくなり、この場合はただノロノロ動いているだけの状態になっていると考えられる。またアリ

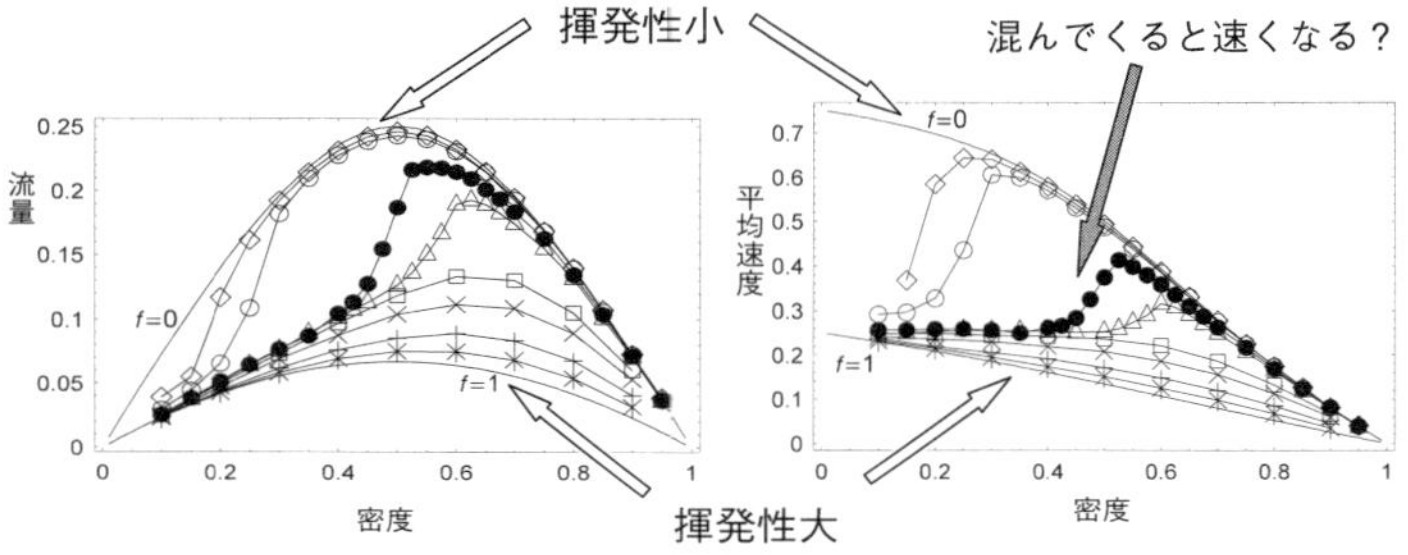


図３　アリモデルでの基本図。左が流量と密度、右が平均速度と密度の関係。フェロモンの揮発率（$f$）を変えたときの振る舞いの変化がわかる。

間距離が極端に短い場合は動きにくくなることが予想されるので速度は下がるだろう。もちろんこの図の形はフェロモンの蒸発の速さなどに大きく依存するので、アリの種類や周囲の状況によっていろいろと変わってくるだろう。残念ながら1方向に動くアリの精密な実験データがまだ得られていないので、以降モデルを通して考えてみたい。

## アリは混むと速くなる

アリの運動が〈図２〉の右図のようになっているときに、基本図がどうなるかを調べてみよう。そのため、特にアリをサーキットの上で動かした場合について考えてみる。後述するアリのセルオートマトンモデルから基本図を計算したものが〈図３〉である。モデルでは、フェロモンの揮発性が高いか低いかも調整できるようになっている。

フェロモンの揮発率が非常に低い場合、つまりフェロモンが長持ちする場合は極めて１３０ページの

〈図1〉に似ているのがわかる。しかしフェロモンの揮発率を少し上げると、フェロモンが蒸発しやすくなるために新しい効果が見られる。それは平均速度を表した〈図3〉の右図を見てほしい。たとえば黒丸で表されるカーブでの揮発率では、密度が増加すると平均速度が上昇しているところがある。これこそがフェロモンの新しい効果だ。つまり混んでくると逆に速く動けるということがわかる。これは車ではまったく起こりえない現象で、サーキットのような周回運動をするアリの場合で起きるフェロモン特有の効果だ。

それではなぜこのような現象がフェロモンによって生じるのかを考えてみよう。実はこのしくみはわかってしまえばとても単純だ。まず、アリはその数が少ない場合、なるべく固まりになって動こうとする〈図4〉。この図はモデルのシミュレーションより得られたもので、時間の経過につれてアリがどんどん集まってゆく様子が現れている。

低密度でもクラスターを形成しているのは車の場合とまったく異なる。低密度の自由流でもこのように集まってしまうのは、やはりフェロモンの性質のせいである。車はお互い邪魔なのでなるべく離れようとして、自由流では車間距離が大きくなる。しかしアリは距離が近い方が速く進めるので、次第に集まってくる。

いまサーキットの上を動く一つのアリのクラスターを考えよう。この場合、クラスターの先頭のアリの前を動いているアリとは、そのクラスターの一番最後のアリであることに注意しよう〈図5〉。この場合、先頭のアリだけは前のアリとの距離が長くなるため、フェロモンが既に蒸発してなくなっている可能性が高くなり、遅い速度で動く。すると、クラスター全体の速

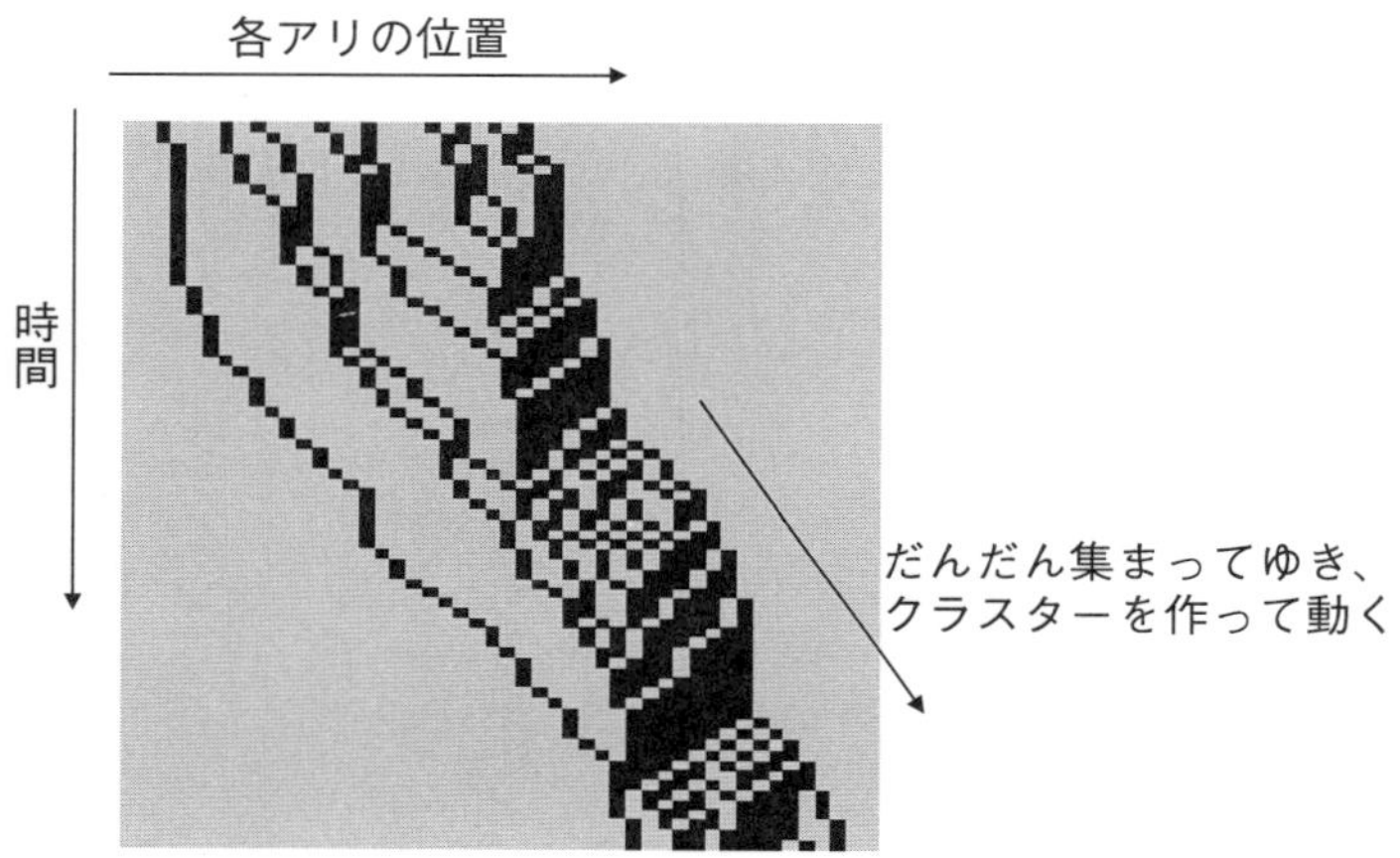


図４　アリのクラスター形成の様子。黒い小さな四角形がアリ１匹に相当している。初めはバラバラになっていたが、しばらく時間がたつとダンゴ状態になり、クラスターを形成したまま動いてゆく。

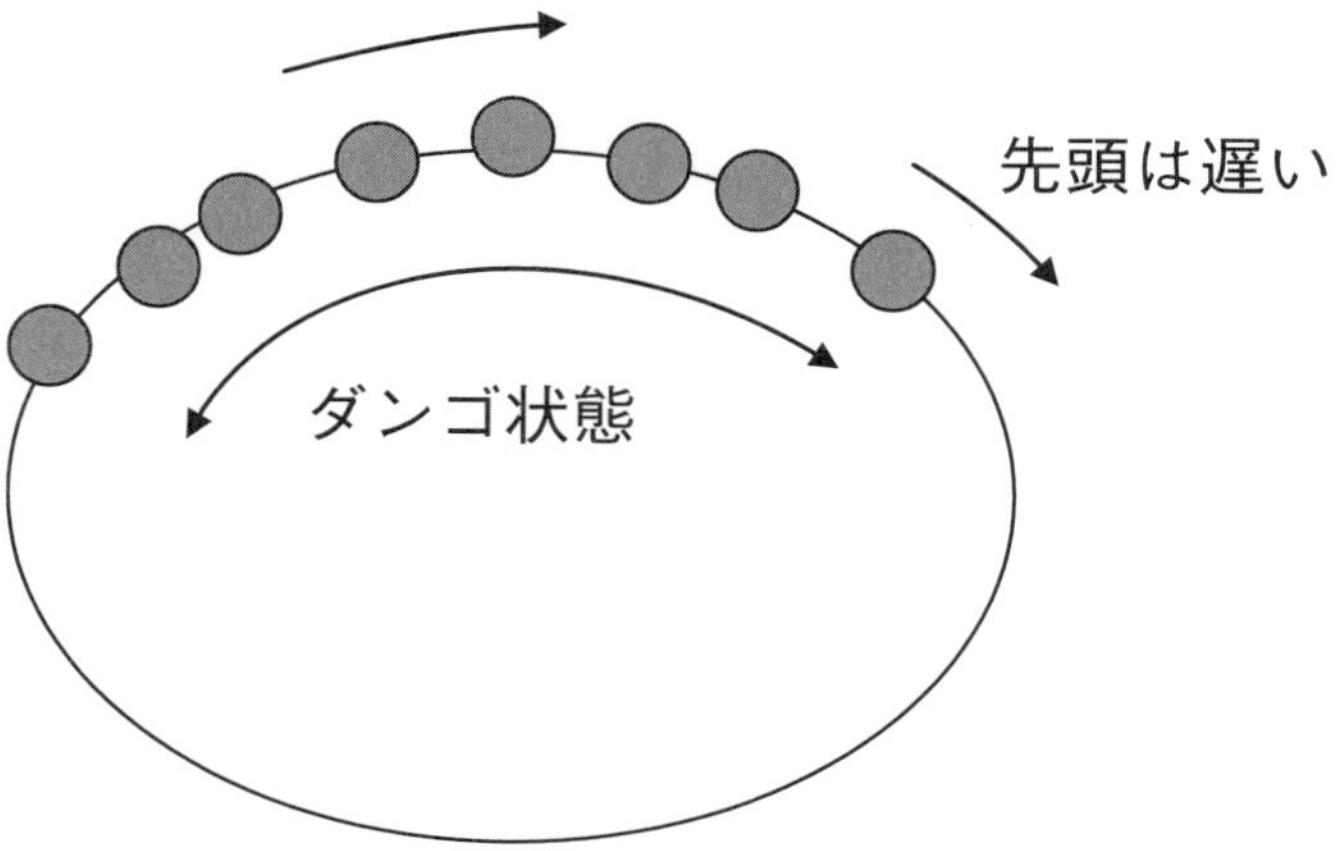


図５　アリのクラスター形成後の動き。先頭はフェロモンが無いため速度が遅く、その後ろにアリが集まってくる。

さは、先頭のアリの速さが決めてしまうので、その遅い状態で全体が動かざるを得ない状況になる。

これはいわば遅い車の後ろに大名行列のように他の車が連なっている状態だ。通常の高速道路ならば、後ろの車は何とか前の遅い車を追い越そうとするのだが、アリはそのようなことは考えない。むしろ後ろのアリはフェロモンの匂いをはっきりと嗅げるので気分良く安心して動いているにちがいない。先頭はかすかに残るフェロモンを頼りに必死に動いているような状況が想像できる。

しかし、この状況でアリの数が増えてくると状況は一変する。アリが増えても、クラスターが形成されるのは同じだが、その長さが長くなってくる。すると、クラスターが長くなってもサーキットの全長が不変なために、次第にクラスターの先頭と末尾のアリの距離が小さくなる。そのため、末尾のアリが落としたフェロモンを、それが蒸発する前にクラスターの先頭のアリが嗅ぎつけることができるようになる。したがって、いままでフェロモンの助けがなく遅かった先頭のアリが速く動けるようになるのだ。先頭のアリがクラスター全体の速度を決めているため、密度が上昇すると速度も上昇することがわかる。これが「混んでくると速くなる」原因であった。

もちろん密度がさらに上昇し、クラスターがシステム全体を覆ってしまうと、再びアリ同士の排除体積効果により通常の車と同じ渋滞が発生する。臨界密度を越えたあとの渋滞は車もアリも同じだ。あまりにも混んでくれば、フェロモンが蒸発することもなく常に存在している状態になり、結局すべてのアリが同様の条件で動けるために実質的に単純な自己駆動粒子と変わらなくなってしまう。しかし低密度では、フェロモンの効果により車とは異なる交通現象が見られることがわかった。これはサーキットのような周期系において見られる、アリによるフェロモン交通特有の現象だ。

それでは車は果たしてアリのように走れるだろうか、ということを考えてみたい。他車のおかげで自分の車がより速く動けるようなことがあれば、車とアリの交通は似てくるだろう。しかし、そのような状況はふつうの道路ではちょっと想像しにくい。強いていえば、不慣れな道を案内してくれる車についてゆくような場合がそれに相当するだろう。そのガイドの車について行けば速く動けるが、もしもガイドの車を見失ってしまうと手探り状態で進まなくてはならない。アリの流れはこのような状況になっていると想像できる。この混んできたほうが速く走れるようになる、というのはかなりの数の車同士の協力関係がない限り現実の道路では残念ながら考えにくい。

## フルマラソンにおけるフェロモン効果

アリの交通はまた、マラソンの走りを連想させる。選手がお互いに集まって走っている状態では、皆負けたくはないので頑張ってついてゆこうとする。誰かが少し前に出ても、またそこについてゆこうとして速く走るため、ある程度実力差があっても初めは集団が形成される。いわば選手のダンゴ状態が生まれるが、そのうちにだんだん遅れてくる人が出てきてその集団のサイズは小さくなってくる。遅れてしまった人は、もちろん集団についてゆく体力がなくなってきたのだろうが、気力も同時に減退してゆくだろうと想像できる。前との距離があまりに離れると、それまで多少無理をしてでも前に進んでいた闘争心がなくなってくるため、精神的に前に引っ張られる感覚が小さくなり、それによりますます遅れてしまうのだろう。お互いが近いほうが速くなるという現象は、〈図2〉の右図にあるとおりアリの場合のフェロモンに良く似ている。マラソンの場合、人間の競争原理がフェロモンの代わりをしている点が興味深い。

近年のマラソン大会を見ていると、ペースメーカーなる人々が1位の選手の周りにたくさん走っているのを目にする。2001年のベルリンマラソンでも、高橋尚子選手の周囲をたくさんの男子ランナーが走っているのをテレビで見ていたが、ちょっと異様な光景だったのを覚えている。集団の先頭の人は風の抵抗を直接受けるために不利になるし、また後方の選手の様子がわかりにくいため先頭を嫌う人が多いが、それをあえて引き受けてくれる人々がこのペースメーカーだ。彼らの存在でフルマラソンのレースは約1分速くなるともいわれているが、このペースメーカーによる記録向上には、その存在が選手に与える精神的な「フェロモン効果」によるものもあるのではないだろうか。

余談になるが、このペースメーカーは日本では90年代から登場したが、しばらく日本陸連はこの存在を公には認めなかった。なぜなら陸上の競技規則には「競技者は助力を受けてはならない」とあり、ペースメーカーがこれに当たる可能性があるからだ。しかしこのランナーを事前に公表し、またそのペースも事前に公表するなどの条件付きで2003年から公式に認められ、お茶の間で目にするようになった。

女子マラソン世界記録保持者のイギリスのラドクリフ選手はインタビューの中で、ペースメーカーの存在は世界記録に対して貢献したかどうか聞かれて、イエスともノーとも言えないと答えている。というのは、彼女が世界記録を出したロンドンマラソンでは、二人のケニア人男性のペースメーカーがいたが、彼女は基本的には自分のペースで走っており、たまにペースメーカーによって助けられたところと、かえってペースダウンしたところがあったらしい。そして一人でもこの世界記録で走れただろうし、私は人の背中を見て走るのが嫌い、と答えたそうだ。さすが世界の頂点に立つ人は理屈を飛び越えたものを感じさせてくれて素晴らしい。

## アリに似ているバスの渋滞

アリはフェロモンの効果によりダンゴ状態になることがわかったが、ダンゴ運転といえばバスが思い出される。京都の市内循環バスを待っていたときのこと、なかなか来ないと思ったら、急に同じ方向のバスが2台続けて来た。しかも前のバスが大変混んでいて、後ろは比較的すいていた。皆さんにもこんな経験はないだろうか。なぜこのようなダンゴ運転になってしまうのだろう。

実はこれを考えるには、アリの動きが大変ヒントになるのだ。〈図4〉では、アリは何もしなくても自然にダンゴ運転をしている様子が示された。なぜこのようなことが起きるのかは、フェロモンの効果のため、遅いアリと速いアリが生じることが主な原因だ。速く動けるアリは

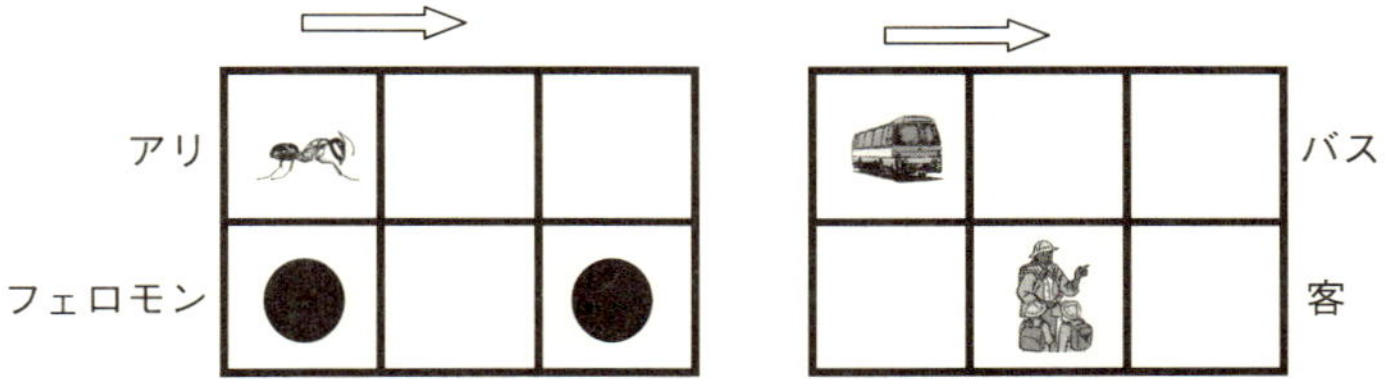


図６　アリとバスの交通の類似点。「フェロモンがある＝乗降客がいない」という規則で左右のモデルは全く同じになる。

どんどん先に動き、遅いアリのうしろに大名行列になる。

バスもアリも同じメカニズムでダンゴ運転になってしまうのだ。それは、混んでいるバス停とそうでないバス停があることに気がつけばよい。混んでいるバス停では、乗降客が多く時間がかかるが、すいているバス停ではほぼノンストップで通過できる。そうなると、まさにフェロモンがあって動きやすい場所に相当するものがすいているバス停で、フェロモンがない場所は逆に混んでいるバス停に相当する。つまり、バスの場合の渋滞は、「フェロモン＝乗降客の少なさ」という公式で、アリとまったく同じモデルで研究できることを意味している〈図６〉。

バスの場合、現在行なわれているダンゴ運転の解消方法は、車間距離が詰まってくればその間隔を調整するためにわざと停車して、クラスター化を避けることだ。ダンゴ運転をなくすにはこの方法はもちろん有効だが、利用客の評判は良くない。目の前で止まっているバスを見て、なぜ動かないのかイライラしてしまうのは当然だろう。他の方法でダンゴ運転を解消する方法はないのだろうか？

残念ながらこの解消のための他のアイディアはすぐには思いつ

かないが、〈図1〉のハキリアリの実験で興味深い考察がなされている。それは、どうも実験結果を検討すると、行きと帰りの双方向に動くアリがほぼ半分の割合で流れているような状況が最も流量が高いらしい、ということだ。ハキリアリなので、巣に向かう帰りのアリは葉などの荷物を背負っており、その速度は行きに比べて遅くなる。そして最も遅いアリを先頭にクラスターを形成しやすくなるが、反対方向の身軽なアリがクラスターの間をちょろちょろと動きまわるため、クラスターが分散されやすくなる。そしてまったく反対方向のアリがいない状態に比べてクラスターが分散し、結果として反対方向のアリがいるほうが流量が上がる、という逆説的な結果が得られる。つまり、身軽なアリがちょっと流れの邪魔をすることでダンゴ状態がほどけてくれるわけだ。先ほどハキリアリは、レーンを作らずに動くと書いたが、それが効を奏して反対方向のダンゴ運転解消に役立っているという。

さらにハキリアリは混んでくると、流量を下げないために道の幅を自然に広げているといわれている。もし本当にそのようになっていれば非常にアリは賢い交通をしていることになる。つまり、交通量に応じて自動的に道幅が変わるようなシステムを採用しており、とうてい我々の現在の技術では真似ができない技だ。

アリにとってはこれは簡単なことで、まず自分は臨界密度の1㎠あたり0・5匹というのを何らかの方法で知ればよい。自分の周囲の交通がこの臨界状態に近くなれば、フェロモン道の最も外側を歩いているアリがちょっとだけ外側にはみ出して道を広げてゆく。これを繰り返してゆけば、最大流量を保ったまま道は自然に広がる。我々にはまだまだアリから学ぶことは多いのである。

アリは社会性昆虫といわれ、統制のとれた行動をとるが、このようなシステムをよく理解して何か我々の生活に役立てられないか、という研究は近年盛んに行なわれている。そして、この社会性昆虫のもつ知恵はSwarm Intelligenceと呼ばれている。Swarmとはアリなどの群れを意味する言葉だ。一つ一つの自己駆動粒子は単純な行動をするだけだが、それらが全体として群れを作ったときに合理的な協調行動をとっているように見えることがある。特に中央に司令官がいなくても全体として自然にこのような知性を発揮するのは大変興味深い。たとえば、巣から餌場までの道しるべフェロモンの道筋は、ほぼ最短距離になることが知られている。初めはうろうろと動いているだけだが、しばらくすると最短距離に道筋ができるのには、誰でもまさにSwarm Intelligenceを感じずにはいられないだろう。途中に障害物を置いても、いずれは短いほうの迂回路をちゃんと見つけるのだ。このようなメカニズムはまだ完全には解明されていない。

近年ではこのようなアリの餌の探求行動や、コロニー内での統制された行動様式などを利用した情報ネットワーク上での複雑な探索や、どのようにして個々の行動が全体としての協調行動を生み出すのかなどの応用的研究が盛んに行なわれている。そしていつの日か交通問題に関しても、自然界の知恵から学ぶことで、我々だけでは考えつかなかったような大きなブレイクスルーが起きるかもしれない。

**第4章の要点**

①アリが行列をつくるのは「道しるべフェロモン」のおかげである。この揮発性の化学物質を尻や足の裏から地面に分泌して、うまくお互いのコミュニケーションを行なっている。

②アリも渋滞する。たとえば体長1cmのハキリアリでは、アリ間距離が1cmになったときが渋滞の開始である。

③フェロモンは揮発性なので、アリ間距離が短い方がフェロモン残留の確率が高くなり、アリは速く進める。したがって、アリはある程度混んだほうが速くなり、ダンゴ状態になって動く性質がある。これは車と正反対の性質で、車は車間距離が短いほど遅くなる。

④アリもバスもダンゴ運転のような渋滞の特徴を示す。これは「フェロモンの存在」と「乗降客の非存在」が対応していることにより理解できる。また、フェロモンによる交通はマラソン競技との対応もつく。

⑤アリは社会性昆虫であり、このような生物集団が持つ知恵はSwarm Intelligenceと呼ばれている。この知恵を人類の諸問題へ応用してゆく研究はこれからの分野である。

## 渋滞学講義Ⅲ　「アリのセルオートマトンモデルについて」

アリの交通流セルオートマトンモデルを考えよう。アリは道しるべフェロモンの上を1次元的に動く。したがって車の場合と同様に、1次元的につながったセル上を動くとする。アリ同士はフェロモンを用いてお互いのコミュニケーションをしているので、フェロモン用のセルも併せて用意する〈図7〉。

アリは常にフェロモンを通路に残してゆくが、フェロモンはある時間が経過すれば蒸発する。アリはフェロモンの方向に惹きつけられるので、フェロモンがある場合とない場合では前に進む場合の「進みやすさ」が変わると考えられる。以上を加味して以下のようなルールを考える。

（1）アリ用のセルは、アリがいるかいないかのどちらかで、フェロモン用のセルも同様にフェロモンがあるかないかを表す。図ではフェロモンがあるところが黒丸で書かれている。

（2）アリの運動とフェロモンの状態更新について、1時間ステップを以下のように二つのステージに分ける。

ステージ1

もしも前にアリがいるならば、そのアリは動かない。これは車と同じ排除体積効果である。そして、前にアリがいないときは、前に進もうとするが、その前のセルのフェロモンのあるなしに応じて進む確率が変わる。図にあるように、前にフェロモンがある場合には$Q$、もしもない場合には$q$として、フェロモン効果による動きやすさを表すため、一般に$q$より$Q$の方が大きいとする。こうしてフェロモンの存在に応じて確率を決めてアリを前に動かすのがステージ1である。

ステージ2

ステージ1が終了した時点でアリがいないセルのフェロモンは確率$f$で蒸発する。また

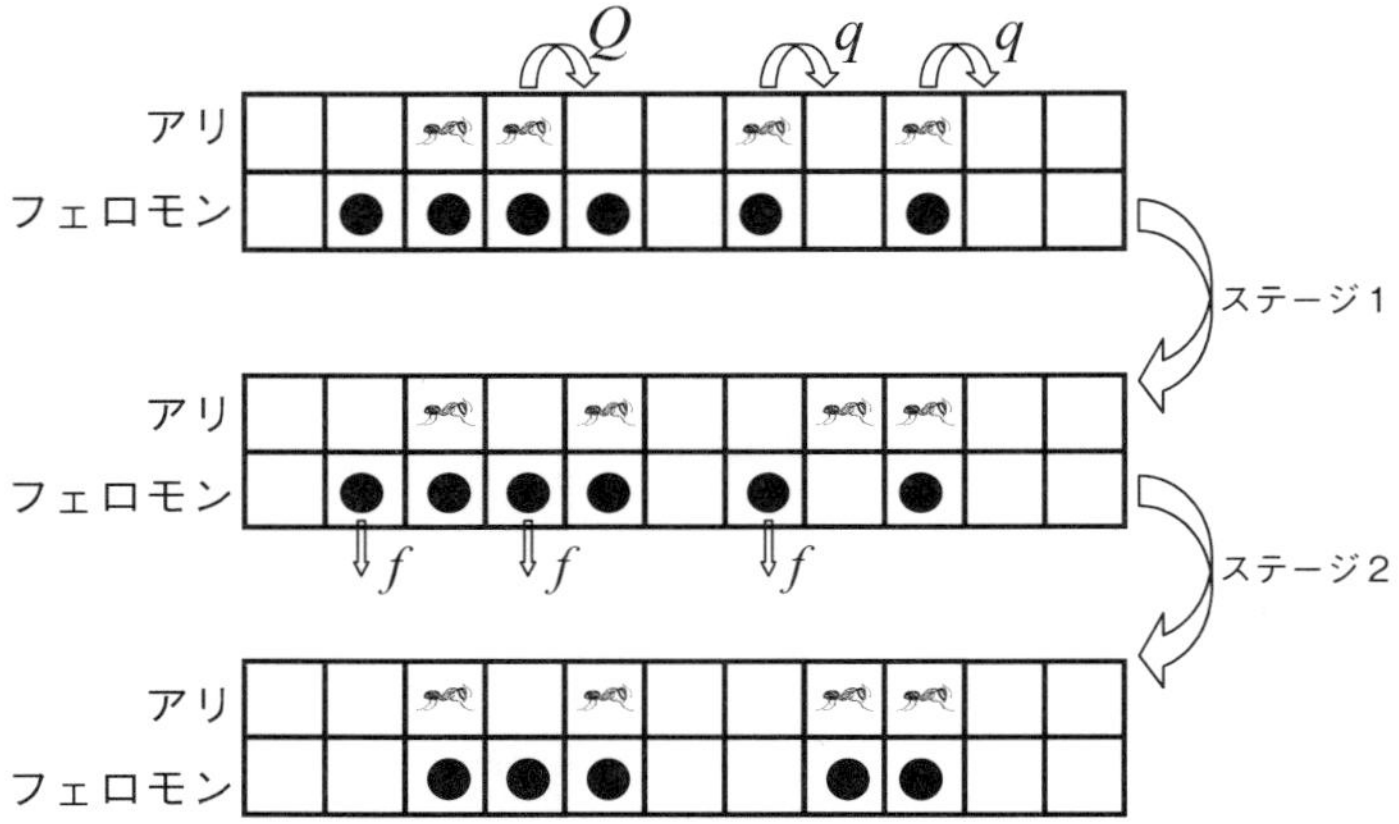


図７　アリのセルオートマトンモデル。アリとフェロモン用の２種類のセルを考える。上図：ある時刻でのステージ１を行う前の状態。フェロモンがある場合は確率 $Q$ 、無い場合は $q$ で前に進む。中図：ステージ１の直後の状態。いくつかのアリは前に進んでいる。そして、アリのいないセルは確率 $f$ でフェロモンが蒸発する。下図：ステージ２の直後の状態。いくつかのアリのいないセルのフェロモンが蒸発しており、かつアリのいるセルは全てフェロモンが生成されている。

アリがいるセルはすべてフェロモンを生成する。

以上の二つのステージを繰り返してゆくのがアリのセルオートマトンモデルである。フェロモンの揮発率が$f$であるため、たとえば$f$を0とすればまったく道しるべフェロモンは蒸発しない状態を表しており、それは確率$Q$で動くASEPと全く同じになることはすぐに分かるだろう。〈図3〉は$f$を0から1まで順に変化させて描いたものであり、そして$q$は0・25、$Q$は0・75とおいた。

# 第5章　世界は渋滞だらけ

## インターネットの渋滞

私は毎日電子メールを100通近く受け取るが、ビル・ゲイツには驚くことに毎日400万通もの電子メールが来るそうだ。ただしそのほとんどは迷惑メールだそうで、私のそれも約8割が迷惑メールだ。近年は、迷惑メールフィルタというのが登場して、迷惑メールを判定してはじいてくれるので、イライラすることもなくなってきた。メールによるコミュニケーションは手軽さと便利さで、いまや生活に欠かすことのできないものだ。インターネットのホームページも同様で、手軽にかつ効率的に誰でも情報発信ができ、また情報検索も信じられないくらい素早くできる。個人でもインターネット上で簡単に店を開くことができ、大企業を凌ぐ売り上げを誇るものも多数存在する。

私が初めてコンピュータのネットワークに触れたのは確か大学院に入ったころであった。もともとこのネットワークは大学や国の研究機関のみを結んでいたものだった。それを使って電子メールのやりとりをしたり、研究記事をパソコン上で読んだりしたのを覚えているが、当時は文字のみで絵や写真などはなかった。十数年でこのような変化が起きるなどとは当時、まったく想像できなかった。

日本のインターネット利用者は2005年の時点ですでに7000万人を超えており、その数はアメリカ、中国に続き世界第3位である。また、世帯の浸透率でも日本は5割を超えており、2世帯のうち1世帯は自宅の機器でインターネットを使っていることになる。しかし、近年その伸びはだいぶ落ち着いてきたようだ。

こうして以前と比較して大量のデータがネット上に流れるようになり、新たな問題が発生してきている。それがインターネット上の情報の渋滞だ。人気のあるホームページは大変アクセスしにくくなることがしばしばあるし、大きなデータのファイルをダウンロードしようとして遅くて途中であきらめたという経験を持っている人も多いだろう。

インターネットの渋滞のことを特に「輻輳《ふくそう》」と呼ぶ。送ったはずのメールが、先方になかなか届かないという経験を、誰しもお持ちだと思う。なぜ、こうしたことが起こるのだろうか。

インターネットでは情報は「パケット」という単位でやりとりされる。「パケット」とは、「小包」という意味である。大きな情報を一気に送るのは無理があるので、それを小分けにしながら送る方法が「パケット通信」だ。これはたとえば牛肉を送るのに大きなかたまりのままでなく、少しずつ切ってパック詰めして出荷するようなものだ。

パケット通信といえば、ケータイを思い浮かべる人が多いと思うが、ケータイもインターネットもまったく同じで、大きなデータは細切れにして送られて、先方で再び組み立てられるのである。たとえば、ＮＴＴドコモのｉモードでは、一つのパケットで送ることができる日本語の文字数は64文字になっている。ただし、郵便小包に宛名が書いてあるのと同じで、実際には各パケットにも相手のアドレス情報などが含まれており、そのためたとえば本文は50文字だけ送って、残りの空いた分をアドレス情報の記述などに使っている。

そしてこのパケットはまさに車のようなもので、ケーブルや無線を通じて世界中のネットワークという道路の上を走り回っている。ではこのパケットの「輻輳」は、高速道路網を走る車の流れの渋滞とどう異なるのだろうか。そしてどのようにして渋滞を回避すればよいのかをこれから見てゆこう。

そのためにはまずパケット通信の仕組みを知らなくてはならない。すべてのパケットはある決まりごとに基づいて転送される。この決まりごとを「プロトコル」といって、現在のインターネット通信でのパケット転送はＴＣＰ／ＩＰといわれるものが標準で用いられている。そしてこのプロトコルには、パケットを送る際のルールだけでなく、その渋滞を避けるために様々なアイディアが盛り込まれているのだ。

まず二つのコンピュータの間で通信をする場合を考えよう。たとえばＡ君がＢ君にメールを送るとか、Ａ君がＢ君の作ったホームページを見に行く、などだ。メールをやりとりしたり、ホームページを見たりする、というのもすべてパケット通信によって行なわれており、このＴＣＰ／ＩＰに基づいている。たとえば、ホームページのアドレスはhttpというものから始まっているが、この「呪文」もプロトコルの決まりごとの一つだ。

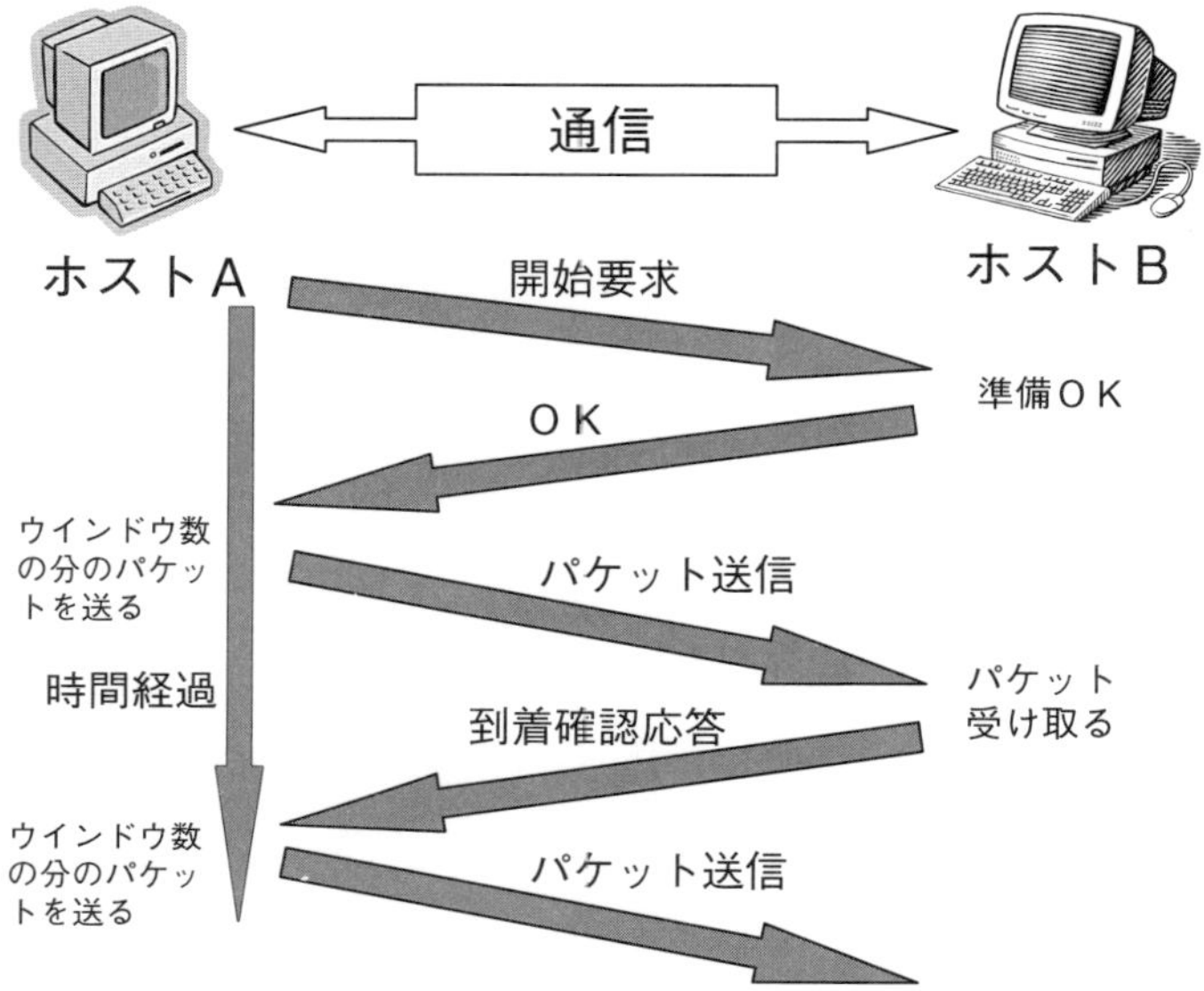


図１　パケット転送の流れ。ホストＡは送りたい情報をパケット単位に分割し、届いたかどうか確認しながらそれを小刻みに送る。

Ａ君がＢ君にメールを送る際に、まずは自分のコンピュータに入っているソフトウエア上で作文をして、できあがったら送信ボタンを押す。この後、コンピュータは裏で一体何をしているのだろうか。それをちょっと覗いてみよう。

パケットをやりとりしているコンピュータは、すべて「ホスト」と呼ばれているので、Ａ君とＢ君のコンピュータをそれぞれホストＡとホストＢと呼ぶ〈図１〉。送信ボタンを押すと、ホストＡは初めにホストＢに向けて通信の開始要求をする信号を送る。それをホストＢが受けて、承認する返信をすることで両者の通信が開始される。実際には、メールサーバーの機能をインストールしていないコンピュータは、このようなやりとりを代わりにやってくれるサーバーにいったん接続する必要があるが、話が面倒になるのでここではこの話題は省略して考える。

このプロトコルでは、いきなりパケットを送りつけるのではなく、送ってもいいですか、と初めに聞いているところがとても礼儀正しい。こうしてホストBが準備OKになったところで、ホストAは送りたい情報を小さなパケットの単位に分割して送り出す。

パケットは一つ一つ次々と勝手に送り出されるわけではない。効率を上げるため、数個単位でまとまってホストAから出てゆく。ホストAが一度に送り出すこのパケットの数を「ウインドウ数」と呼んでいる。コンピュータ関係の用語には、ウインドウという言葉がいろいろと登場してややこしい。ホストAから出て行ったパケットは、最終的にはホストBに運ばれるが、ホストBはパケットが一つ届くたびに受け取ったことを表す「確認応答」をAに送る。ホストAは送ったウインドウ数の分の確認応答が全部着いたのを確認した後、再びウインドウ数の分だけのパケットをホストBに向けて送り出す。これを繰り返してゆくのがTCP／IPによるパケット通信だ。このように、パケットをいくつかまとめて送り出してゆくシステムで、さらに受け取り確認応答があるため、通信の効率性や信頼性が高い。

ホストAとホストBはふつう直接つながっているわけではないので、送り出されたパケットはその途中にあるコンピュータを次々と渡り歩いてゆく。その道筋は一般に複雑なもので、いつも固定されているわけではない。これは道路でいえば、出発地から目的地へのルートはいろいろと考えられ、車によっては異なるルートを通って行くことに相当している。途中で通過するコンピュータは「ルーター」(Router＝ネットワークどうしの中継装置)と呼ばれている。これは実際にはふつうの個人のコンピュータの場合もあるし、専用のマシンの場合もある。ルーターは道路でいえば、合流分岐、あるいは交差点に相当する。パケットはルーターという交差点でいろいろと分岐しながら目的地のホストまで進むのだ。ただし車は自らの状況判断でどちらの道に進むか決めるが、パケットはルーターによって進む方向が決められている。ルーターは周囲の交通状況や道の地図を詳しく把握しており、パケットの中に書いてあるアドレスを見ながら、そのパケットが進むべき最適な方向を決める重要な役割を担っている。ここがまず車とインターネットの交通の異なるところだ。車の交通にも、カーナビや携帯電話を用いた渋滞情報の提供とルート誘導サービスがあるが、すべての車に対して交差点においてここまでのサービスをするものはまだ存在しない。

Windows XPが入っているマシンを使っている人は、アクセサリ(スタート→プログラム)の中にあるコマンドプロンプトでtracertというコマンドを実行してみると、実際にパケットが通過してゆくルーターが表示される。知られざるパケットの旅の様子をこのコマンドで見ることができるのだ(ただしセキュリティなどの関係上、途中のルーターが表示されない場合も多い)。

## コンピュータの涙ぐましい努力

では、ホストBからの確認応答がなかなか来なかったらどうなるのだろうか。この状態がインターネットでの渋滞を意味しており、送ったパケットに対する確認応答がある一定時間以上来ない場合を「輻輳」と定義する。その場合、ホストAはそのパケットを再送する。

まず、なぜ確認応答が来なくなるのかを考えよう。インターネットは自分だけが利用しているわけではなく、常にいろいろなパケットが行き来している。したがって途中のあるルーターが他からの大量のパケットであふれている可能性もある。ちょうど合流地点にいろいろな道から車が大量に来たため、合流できずに大渋滞になっているような状況だ。ルーターはその内部に「バッファ」というパケットの入れ物を持っており、この入れ物が一杯になってしまうと到着するパケットをさばけなくなってしまう。そうなると、ルーターは到着した大切なパケットをあっさりと捨ててしまう。これを「パケット棄却」と呼んでいる。ここが車の場合と決定的に異なる点だ。車はもちろんいつまでも合流地点で待機するわけだが、パケットは待機場所であるバッファの容量が決められているため、バッファが満杯ならばどこにも居場所がなくなるので棄却されるのだ。

ホストBからの確認応答が来ない原因としては、この途中の混雑によるルーターでの棄却の可能性もあるし、またパケットは生きているけれど遠くのルーターをさまよっているという場合もある。送り出したホストAは、再送タイマーというものを持っていて、確認応答が決められた待ち時間の間に来ない場合には自動的に再送する。再送タイマーの設定が適切でないと、もう少しでパケットがホストBに到着しそうなのに再送してしまうことになる。ちなみに、再送したものと初めに送ったものがホストBに両方とも届いてしまうことも考えられる。この場合、ホストBは同じものがあっても仕方がないのでその一つを捨てる。

また、パケット自身も実は寿命を持っていて、ルーターをある決められた回数だけ渡り歩くと自動的に棄却されるようになっている。もしもこの機能がないと、いつまでもどこかをさまよっている幽霊パケットが多数存在してネットワークに悪影響を与えてしまう。

次にホストAのパケット再送の様子を見てみよう。ホストAは場合によっては次に送る際にウインドウ数を減らす場合もある。なぜなら途中での混雑が予想される場合、あまり多くパケットを一度に送ってもさらにあふれてしまい、余計に混雑を助長してしまうからだ。この悪循環を避けるために、再送の際のウインドウ数を混雑度合いに応じて制御する研究がさかんに行なわれている。この制御の仕方が輻輳を回避する上で極めて重要なポイントだ。

制御の例としては、確認応答が来ない場合、まずウインドウ数を最低の1パケット分まで下げて送る。そうして確認応答が来れば次にウインドウ数を2にしてパケットを二つ送る。つぎにこの確認応答が正常に来れば3、4と増やして元に戻してゆく。これはスロースタートルールといわれており、ゆっくりと慎重にウインドウ数を上げてゆくことからその名前がついた。第2章の「講義」で述べた、メタ安定を出すルールと偶然同じ名前で呼ばれている。また、その他の輻輳対策として、確認応答が来ない場合には、再送タイマーの値を倍にして待ち時間を長くとることなども行なわれる。

以上の様々な細かい通信のやりとりは利用者には全く見えない。このようにコンピュータは水面下でいろいろな渋滞回避の努力をしながら通信をしているのである。

## パケットと車のちがい

以上、パケット転送の概要がわかったところで、これまでのようにパケットの流れをセルオートマトンによりモデル化して、車の交通とのちがいを考えてみよう。

ただし厳密に考えてしまうとTCP／IPそのものになってしまうので、やはりここでも渋滞形成に関係すると思われる重要なものだけを抽出して考える。シンプルなモデル化をすることで他の自己駆動粒子のモデルとの比較が容易になり、また輻輳の回避方法についての研究もしやすくなる。

まず、簡単にするためにパケットのルートはつねに固定されているとする。つまり途中のどのルーターを通るのかはすべてあらかじめ決めておく。通常のパケット通信であれば、ホストAから送ろうとするあまり大きくないパケットは、ほぼすべて同じルートを通ってBに伝わるので、これは現実的な仮定である。こうして、まずはパケットの通り道を一本道に限定して考えてみる。

ホストAB間にはいくつかのルーターが存在するとし、〈図2〉はルーターが四つある例だ。1時刻だけ進めると、すべてのパケットは矢印の方向にある次のルーターへ移動する。途中のルーターは同時に他のネットワークともつながっているため、それぞれに他のパケットの出入りがあるが、それを斜線のパケットで表してある。黒いパケットがホストAが送ろうとしているパケットで、それを邪魔する他のパケットが斜線のパケットだ。

ルーターはバッファ内に存在するパケットを、できる限り次のルーターに送ろうとする、という性質がある。もしも送り先のルーターのバッファがいっぱいになっていれば、そのパケットは前に述べたとおり次のルーター内で棄却される。

ここで話をわかりやすくするために、極端な状況としてルーターの最大バッファ数を1としてみよう。つまりルーターには一つのパケットしか入らないとする。このとき、ルーターを伝わるパケットはまさに箱と玉を使って表現できる〈図3〉。これにより、ASEPとのちがいは棄却される粒子の存在であることに気がつく。前が空いていなければそこで待つ、とすればパケットの動きはASEPと同じになるのだが、ルーターは次の箱の空き容量を考えずに動かしてしまうため、次の箱にすでに玉が入っていればそこで棄却されるのである。ASEPの基本的な性質である、排除体積効果ルールそのものが違うのだ。

パケット転送の場合、いろいろなパケットが常に出入りを繰り返しているため、次のルーター内のバッファの空きを知るのは困難だ。そのため、とりあえず先のルーターに送ってしまい、ダメならば捨てる、という「無責任な」戦略の方が賢い方法だと思われる。そして幸いパケットとは電子データであり、車や人のように物理的実体のあるものではないため、いつでも消せていつでも同じものを作り出せる。したがってこのような方法がとられるわけだが、その代償として、目的地に行く途中で、棄却されるたびに何度も振り出しに戻されるような動きになる。落とし穴にはまるとスタート地点に戻ってしまうゲームのようだ。したがって車の渋滞とパケ

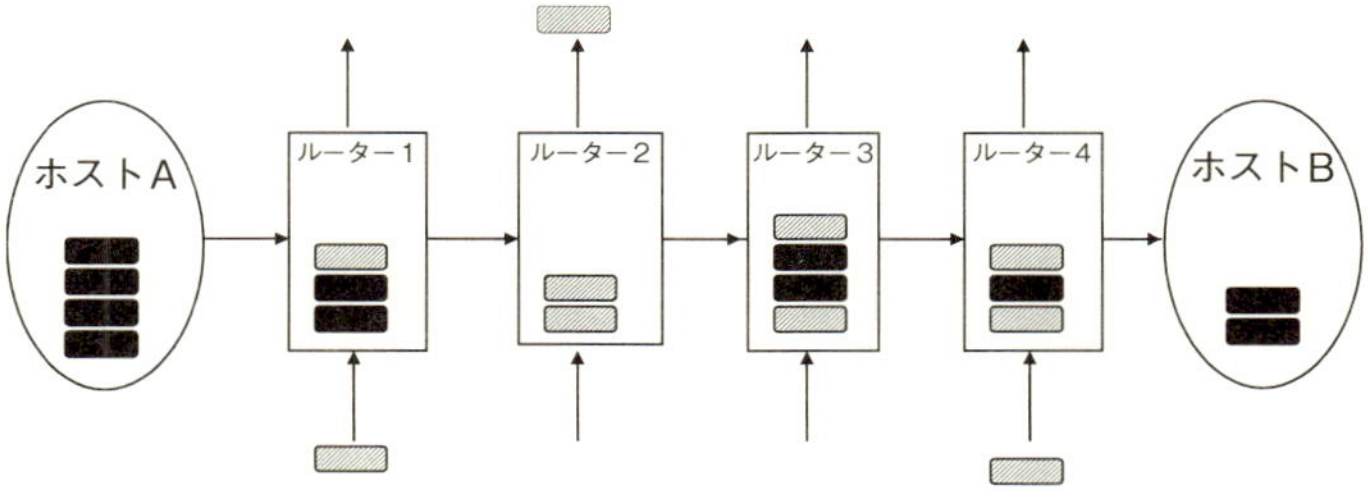


図２　パケット転送のモデル。ホストＡは黒い11個のパケットをホストＢに送るとする。その途中には四つのルーターが存在し、斜線で表された他人のパケットが常に各ルーターにランダムに出入りしている。ルーターは隣のルーターへパケットを送りつけるが、もしも相手のルーターに空きが無ければ、パケットは捨てられる。その場合、ホストＡは捨てられたパケットを再送する。

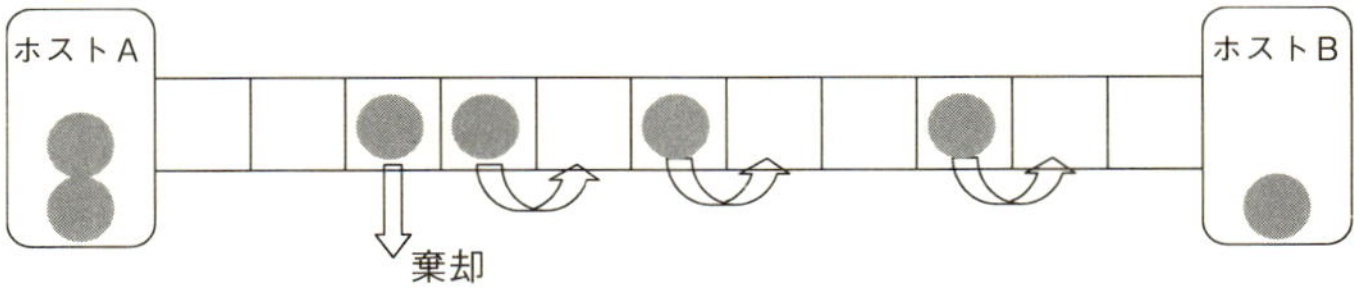


図３　簡略化したパケット転送モデル。各ルーターのバッファ数を１にし、ルーターを箱、パケットを玉で表した。前が詰まっていればパケットは棄却される。

ットの渋滞は、同じ自己駆動粒子といえども、その具体的な実体の有る無しのために、基本的なメカニズムが違うことがわかる。つまり前者では、渋滞したからといって、誰も自分の車を捨てはしないのである。

## パケットの渋滞をどう回避するか

通常は、ルーターのバッファは十分大きいため、パケットがネットワーク上に大量に存在しない限り決して棄却は起こらない。輻輳が起きるのは、大量のパケットがルーターのバッファの大部分を占めてしまい、バッファに空きが少なくなっているところに新たなパケットが入ってくる場合だ。つまり、入ってくる数より空きの数が小さくなると、入る場所がなくなって棄却が発生し、通信に時間がかかるようになる。このようなルーターはパケットの流れの中でボトルネックになっている。

ここで、次の興味深い問題を考えてみよう。それは、

「輻輳が起こっているとき、ウインドウ数が大きい場合と小さい場合ではどちらが総パケット転送時間が短くなるのか?」

というものだ。この問題の意味を少し解説しよう。ウインドウ数とは、送り出す側の「絞り弁」のようなものである。大きなウインドウ数、つまりあまり弁を絞らずにパケットを送り出すと、混雑時にはせっかく送り出したパケットは途中で棄却される確率が高くなる。したがってもしもウインドウ数を小さくして少しずつ送れば棄却される危険度は低くなるだろう。しか

しそうすると今度は少しずつしか送れないため全パケットを転送し終わる時間は長くなってしまう。逆にウインドウ数を大きくとれば、ホストAからそれだけ多くのパケットを送り出せるが、パケット数が多いため途中のルーターで棄却される危険度も増大する。その結果、ホストAは棄却分をすべて再び送らなくてはならないので総転送時間は長くなってしまうかもしれない。混んできたときにウインドウ数を上げるべきか、下げるべきか、という問題はちょっと考えただけではわからない。この問題は他の条件にもいろいろと依存しそうであるため、やはりモデルによるシミュレーションをやってみるのが一番だ。

セルオートマトンによるパケット転送のモデルの詳細についてはここで詳しく述べる余裕はないが、おおよそこれまで述べたルールをASEPに取り入れたものである。また、ネットワーク内のパケットの混み具合は、1時刻の間に各ルーターにランダムに到着する平均パケット数λ（ラムダ）で表した。つまりλが0ならば、まったく他からのパケットは来ないため輻輳のない状態で、逆にλがルーターのバッファサイズに近ければ大渋滞になってほぼパケット転送が不可能な状態に対応している。

〈表1〉はパケットの総転送時間を計測した結果だ。仮に、ホストAの総パケット数は7、ルーター数は28、ルーターのバッファは10としてみた。そして、混み具合を表すλを0・000から4・750まで変化させ、ホストAのウインドウ数を7から4までそれぞれ固定した場合について総転送時間を調べた。網かけの部分が同じλの値で最も転送時間が短かった場合だ。混雑の度合いが増すにしたがって、結果に多少のばらつきはあるが、ウインドウ数が小さい方が転送時間が短くなる傾向があるのがわかる。

この結果により、一度に送り出すパケット数であるウインドウ数が小さいほど、混んでいるときに有利になり、他からの邪魔なパケットの影響を受けずに棄却量も少なく早く送れることがわかる。また、ネットワークがすいているときは棄却がないので、初めから大きなウインドウ数で送れば早く送れることも表よりわかる。今回の計算では、混雑時においては棄却と再送のせいで大きなウインドウ数のままでは不利になることがわかった。

次にウインドウ数をずっと固定にせずに、輻輳状況に応じて変化させることを考えよう。こうすることで、輻輳状態でも効率的にパケットを送ることができるかどうか調べてみる。実際にも前に述べた「スロースタートルール」など様々な輻輳回避のプロトコルが使用されている。ここではパケットの棄却量に応じた簡単なウインドウ数の制御を考えよう。それは、

「全部のルーターでの棄却量の合計を毎時間ステップ監視し、それがある臨界値を超えたら輻輳対策としてその次の時間ステップの時だけウインドウ数を下げる」

というものだ。この制御を行なった結果が〈表2〉である。この場合は、一つでも棄却が起これぱウインドウ数を現在の値から3だけ下げる、というルールの場合の計算例だ。結果を見ると、〈表1〉で強い輻輳がおこっていたλ＝3・000以上において、再びWが大きいほうが総転送時間が短くなっているのがわかる。しかもその最小値は、〈表1〉での同じλでのものよりも小さくなっている。つまり、ウインドウ制御がうまく働き、輻輳が確認されたときのみウインドウ数を絞ることによって、初めからウインドウ数を絞らなくても早く送れることが

空いている ↑

↓ 混雑

| λ | W=7 | W=6 | W=5 | W=4 |
|---|---|---|---|---|
| 0.000 | 29 | 58 | 58 | 58 |
| 0.500 | 31.9 | 58 | 58 | 58 |
| 1.000 | 34.8 | 58 | 58 | 58 |
| 1.500 | 60.9 | 58 | 58 | 58 |
| 2.000 | 58 | 58 | 60.9 | 58 |
| 2.500 | 64.1 | 63.8 | 58 | 66.9 |
| 3.000 | 75.9 | 78.5 | 78.3 | 67 |
| 3.500 | 98.9 | 85 | 98.3 | 95.3 |
| 4.000 | 119.4 | 146.5 | 118.4 | 135.7 |
| 4.500 | 184.4 | 170.1 | 166.6 | 176.3 |
| 4.750 | 200.6 | 205.4 | 198.4 | 191 |

表1　パケット転送にかかる総時間とウインドウ数の影響。ウインドウ数は一度に送り出すパケット数であり、7から4まで変えてシミュレーションした。同じ混雑度λで最も転送時間が短かった場合が網かけの部分のセルである。空いているときは、ウインドウ数が大きいほうが早く送れるが、混んでくるとウインドウ数が小さい方が平均して早く送れることが分かる。

↑ 空いている

| λ | W=7→W=4 | W=6→W=3 | W=5→W=2 | W=4→W=1 |
|---|---|---|---|---|
| 0.000 | 29 | 58 | 58 | 58 |
| 0.500 | 29 | 58 | 58 | 58 |
| 1.000 | 34.8 | 58 | 58 | 58 |
| 1.500 | 55.1 | 58 | 58 | 58 |
| 2.000 | 58 | 58 | 58 | 58.3 |
| 2.500 | 60.9 | 73.3 | 69.6 | 61.5 |
| 3.000 | 73.4 | 72.5 | 78.6 | 67.6 |
| 3.500 | 83.8 | 88.5 | 92.1 | 90.7 |
| 4.000 | 119.5 | 109.8 | 115.1 | 124 |
| 4.500 | 188.8 | 160.2 | 186.3 | 176.9 |
| 4.750 | 185.4 | 205.6 | 231.8 | 228.1 |

混雑 ↓

表２　ウインドウ数制御のある場合のパケット転送にかかる総時間。網かけの部分が同じλで最も早いものだ。混雑時にウインドウ数を現在の値より３下げるように変化させる。これにより輻輳状態にあるときだけ$W=7\rightarrow W=4$に絞るのがほとんどの場合最も良いことが分かる。しかも最も混雑している時の総時間の値は、表１での$W=4$のときの191よりも、この表の$W=7$のときの185.4の方が短くなっている。

わかった。

このウインドウ数をどのように変化させれば最適なパフォーマンスが得られるかについて、現在盛んに研究が行なわれている。

以上、単純なTCP／IPのモデルとその輻輳回避のためのウインドウ制御の方法について紹介した。このモデルにおいては、パケットはルーターを並べただけの1次元的なルートの上を動いてゆくだけだ。ネットワークの他の人の通信の影響は、途中のルーターに入ってくる邪魔なパケットとして、背景の雑音のように組み込んだにすぎない。したがって今後はきちんと網目状に広がる通信ネットワークを構成し、さらに各パケットのルートを流れの状態に応じて動的に決定してゆくようなモデルでシミュレーションすることが重要だ。ただしその場合でも、この単純なモデルはネットワークで生起する複雑な現象を理解する上で大変助けになるだろう。

## 粉つぶはむずかしい

2年に1度、自己駆動粒子系の国際会議がドイツや日本などで開かれている。それはTraffic and Granular Flowというタイトルの会議で、1995年に始まり、これまで既に6回開かれてきた。このタイトルの中のGranularという単語は、日本語では粉つぶを意味しており、粒の大きな砂糖をグラニュー糖ということからも馴染みがあるだろう。日本語では「粉粒体の」と訳される。たとえば、粉薬や米粒からパチンコ玉、砂利などはすべて粉粒体で、液体でも固体でもない「つぶつぶ」の状態を指す言葉だ。

もちろん粉粒体を構成している粒子一つ一つは固体だ。しかしそれがある程度集まるとサラサラと流れるような動きをしたり、またさらに凝集すると再び固まったりするため、粉粒体全体としては固体と液体の両方の性質を持つ。その挙動の代表例が土地の液状化現象や雪崩で、それまでは固体だったのが急に液体のように動き出す。また、たまに見かけるアリ地獄といわれる砂場の小さな窪みは、この性質を利用したウスバカゲロウの幼虫の巧みな餌の捕獲法だ。

このように液体と固体の性質が共存する粉粒体は大変やっかいな対象だ。意外なことだが、たとえば砂時計で1分を正確に測るのに必要な砂の量や容器の形を理論的に計算することすらまだ誰にもできていない。実は市販の砂時計は、実験と経験と勘によって作られているのだ。時計の中身が砂でなく水ならば、流体力学で正確にその落ちる時間は計算できるが、粉つぶになると基礎になる方程式すら物理学ではまだ確立されていない。宇宙に行ける時代でも粉つぶの動きの計算は大変難しいのだ。

粉粒体の科学は、製薬から土木建築、また食品産業にまで関連しており、極めて応用範囲が広い。こうした産業界からの要請もあって、近年盛んに物理学者は粉粒体の動きについての理論的研究を進めている。そして、当初その挙動と近いのではないかと注目されたのが車や人の動きだ。確かにどちらも粒の集合体とみなせるし、それらが集まると全体として流れを作り出す。国際会議では、このような背景から交通流の研究者と粉粒体の動きの研究者が半々ずつ集まって議論を重ねてきた。初期のころは、車の車線数を増やしたものがパイプを流れる粉粒体の動きと似ている、などという議論がなされたが、最近はどうもやはり両者は根本的に違うのではないかと皆が思い始めている。それは、やはり車や人は自己駆動粒子であり、それに対して粉粒体は自己駆動型ではなく、ニュートン粒子だからだ。

それでも両者は粒子的な集合体であり、パチンコ玉がお互いぶつかっている様子を思い浮かべればわかるとおり、粉粒体にも人にもはっきりとした「排除体積効果」がある。大きさを持つものは人でも粉つぶでも、お互い透明人間のように通り抜けられないのだから当然だ。

そして渋滞といえば、確かに粉粒体も渋滞する。たとえば太いパイプを立ててそこに米粒を流せばさらさらと流れてゆくが、米粒の直径に近いぐらいのストローなどの場合には、途中で目詰まりを起こしてちゃんと流れない。米を入れた容器の底に穴を開けて流すときも同じで、大きな穴を開ければ容器の米は流れ出るだろうが、小さい穴だとまったく流れないことがしばしば起きる。これは以前に述べた、出口に人々が殺到してアーチができている状況と同じだ。

この類似性はどこから来るのだろうか。それを考えるには、人のアーチも粉粒体の目詰まりも、どちらもお互いが完全に接触して密に集結しているときに起きることに注意すればよい。お互いが密着していれば自由に動くことはできないため、排除体積効果のみが重要になる。自己駆動粒子の基本的な性質とは、ASEPのモデル化にもあったが排除体積効果と自分で勝手に動ける自己駆動性の二つである。密集状態ではこのうちの一つの自己駆動性がなくなるために、見かけ上類似が起きるのである。

## ブラジルナッツ現象

パイプを流れる粉粒体の目詰まりはどのくらいの穴の大きさで起きるのか、というのは興味深い問題だ。しかしその正確な値は詳しくはわかっていない。ただ、経験的には粒子の直径の約6倍程度以上の径のパイプならば目詰まりは起こりにくいといわれている。この数字は「マジックナンバー」ともいわれ、いろいろな現場で実際にかなり役に立っている知識だ。

近年、混雑の激しい都内の電車では、ドア幅の広い車両が登場してきた。例えば東京メトロ東西線などではドア幅が1・8mもあるワイドドア車両をたまに見ることができる。それは人間の肩幅の6倍ではないが、4倍ぐらいの幅だ。思い切って6倍まで広げると、出口で人がつまることはなくなるかもしれないが、座席の設置が困難になるし、ドアのスムーズな開閉も難しくなってしまうので、やはり4倍ぐらいの幅が妥当なのだろう。

粉粒体の取り扱いは現代物理学でも難しいと述べたが、それでは自己駆動粒子を扱うのに用いられているセルオートマトンは粉粒体の解析に使えるのだろうか。これまでのようにルールベースによって粉粒体がモデル化できれば、それが基礎式の代わりになるため大きな成果になる。そのような試みはいくつかこれまでなされているが、どれもうまくはいっていない。その大きな理由を以下に二つ述べる。

まず、粉粒体の内部での相互作用はある意味で「非局所的」だ、という点が挙げられる。この重要なキーワードを詳しく説明しよう。

まずよくあるおもちゃで、金属の玉をいくつか密着して直線上に並べておいて、一方の端の玉をたたくと反対の端の玉がすぐに勢いよく飛び出す、というものがある。なぜこのようなことが起きるのかというと、接触している玉は全体として固体のようになっており、その端を叩くと、もう一方の端にその情報が波となって伝わるからだ。この内部を伝わる波の速さは、固体の場合、一般に極めて速く、たとえば鉄の場合は秒速約５０００ｍだ。つまり長い鉄の棒を用意してある場所を叩くと、１秒後にはそこから５㎞先でその音が鉄の棒から聞こえてくるのだ。そのため、数個程度の玉の並びであれば瞬間的に情報が伝えられるように見える。

もちろんこれは玉同士が接触している場合のみ伝播してゆくため、少しでも離れていればそこで伝播の波はストップしてしまう。したがってたとえば深いトレイにたくさんパチンコ玉を詰めたような場合は、どのような玉のつながりになっているかわからないので、その伝わる道筋は複雑だ。どこか一つの玉に力を加えると、予想もしない場所の玉がすぐ動いたりする。これは接触している玉のネットワークのみに沿って力が瞬時に伝えられているからだ。

このように遠くの場所まで瞬時に情報が伝わることを「非局所性」という。粉粒体は固体の性質も持つため、その密集状態では非局所性により複雑な力のネットワークを形成し、動きも複雑になる。一方で、この玉の内部を伝わる波の速度に比べて、玉自身が動く速度は極めて遅いのがふつうだ。このスケールの異なる2種類の速度が存在する情報伝播を通して、粉粒体は複雑にそのネットワークの形を変えながら動いてゆく。それゆえ、粉粒体もときには予想に反する動きを我々に見せてくれる。

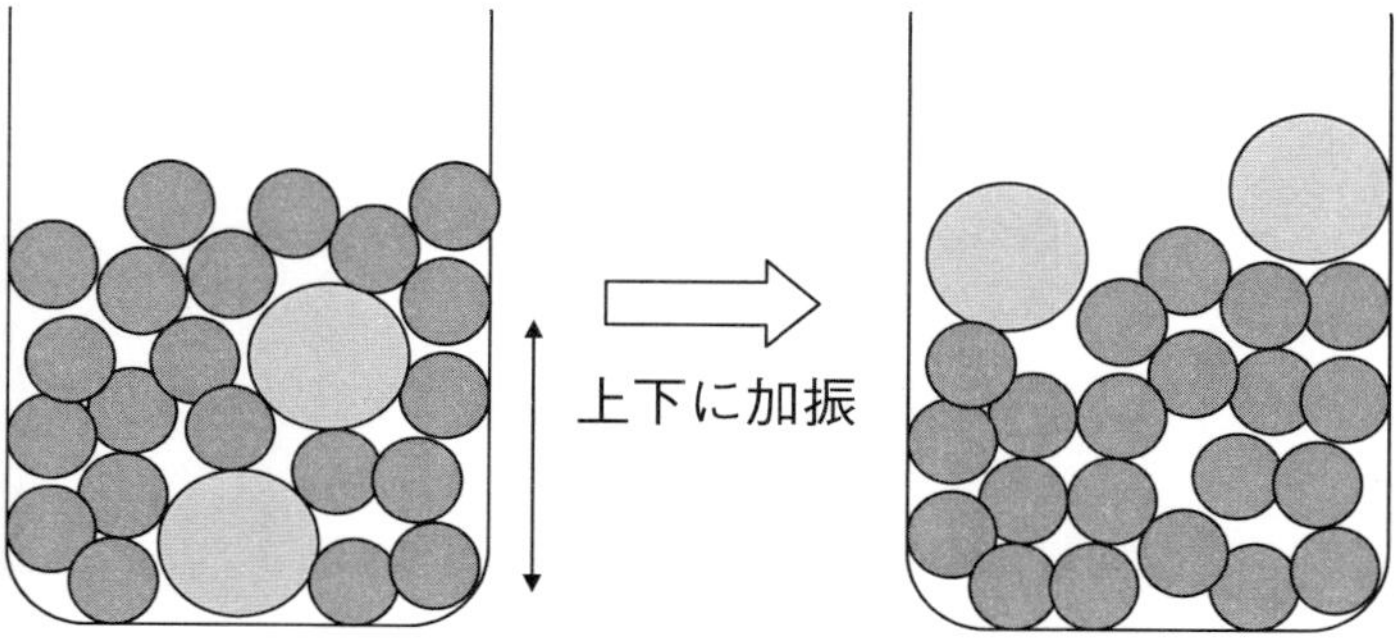


図４　ブラジルナッツ現象。サイズの違うものを混ぜて振ると、大きいものが上に出てくる。

たとえば、ブラジルナッツ現象、というのがある。これは容器に直径の大きな玉と小さい玉の2種類を入れて振ると、大きな玉が上に出てくるという現象だ〈図４〉。ミックスナッツの缶を開けると、決まって大きなブラジルナッツが上に出ていることからこの名前がついた。大きさと重さなどの兼ね合いで何が上に来るのかが決まるようだが、この簡単に見える現象でも、どうして上に来るのかのメカニズムは完全には解明されていない。

このように玉の慣性により玉自身が動こうとする運動と、お互いの接触時の情報伝播の波とは速さがまったく異なるため、同じ時間スケールでこの二つの効果を考えることはできない。そしてその接触ネットワークも時々刻々変化する。このことを考慮に入れると、通常のセルオートマトンのように自分の周囲のみの局所的なルールと、全体の均一な時間ステップにより状態を更新してゆくようなモデルでは、粉粒体の動きを真に捉えるのは難しいことがわかるだろう。

### カーリングやビリヤード

粉粒体の取り扱いが難しい二つめの理由とは、「多体衝突」という問題のためだ。ビリヤードにおいても、手球を一つの的球に当てるだけならばそんなに難しくはないが、的球の周りに他の球が密接しているときには極めて難しいショットになる。ナインボールというゲームは、初めに9個の球をダイヤモンド形にボードの上に並べて、手球をそこに打ち込む。これがまさに多体衝突で、真ん中にある9番の球を第1打目で計算してポケットに入れられる人はいない。ぶつかる球の数が二つならば完全にその振る舞いはわかるが、一般に三つ以上の球が同時に衝突してしまうような状況では、その後の球がどのように動くのかはビリヤードのプロでもわからないし、実は物理学でもこれは解けない問題として知られている。同じようなことがカーリングにもいえる。トリノオリンピックでの「チーム青森」の大活躍で、テレビに釘付けになっていた人も多いだろう。この競技も「多体衝突」の複雑さをゲームにしたもので、やはり物理では解けず、プレイヤーの神秘的な勘にたよるからエキサイトするのだ。

2体衝突ならば高校程度の知識で解けるが、3体以上の同時衝突は解けないということが数学的に示されており、この2と3の数字の間のギャップは想像以上に大きいものがある。

物理学で「3体問題」といわれるこの問題は、解けないことが証明されているため、まともに考えてもどうしようもないものだ。それゆえにふつうは何らかの近似をする。たとえば、多数の粒子が近接して衝突しているとき、その途中の過程は2体衝突の細かい組み合わせになっているとして、3体同時衝突は考えない。こうすれば動きは予測可能になる（おそらくビリヤードやカーリングのプレイヤーは、瞬時に頭の中で無意識に、この衝突の組み合わせをしているのだろう）。

それでも実は困難は存在する。多数の衝突を2体衝突の積み重ねで近似するのはよいが、その順序が問題なのだ。多数の球の衝突のうち、まずどれとどれが衝突し、そのはじかれた球とどれが衝突し、などと考えてゆくと、その順序をきちんと決めるのは難しい。ナインボールの初めのショットを見て、その球の衝突順序を決められる人はまずいないだろう。そして重要なことは、衝突後の最終的な球の動きは実はこの衝突の順序によって変わってしまうという事実だ。

たとえば、〈図5〉にあるように、初めに、ある距離だけ離れて直線上を動いている三つの球A、B、Cを考えよう。いずれも右向きに進んでいるが、この三つの球は、その速度が順に左の球ほど大きいとする。Aが一番速いので、この三つはいずれ衝突する。

その順序だが、図の(a)は、まずAとB、つぎにBとC、そして再びAとBという3回の2体衝突の順序で考えている場合だ。そして図の(b)は、まずBとC、つぎにAとB、最後にBとCという衝突の場合だ。このどちらが現実に起きるかは、初めにA、B、Cがどれだけ離れており、どういう速度を持っていたかによって決まる。いつ衝突が終わるか、というのは、速度が

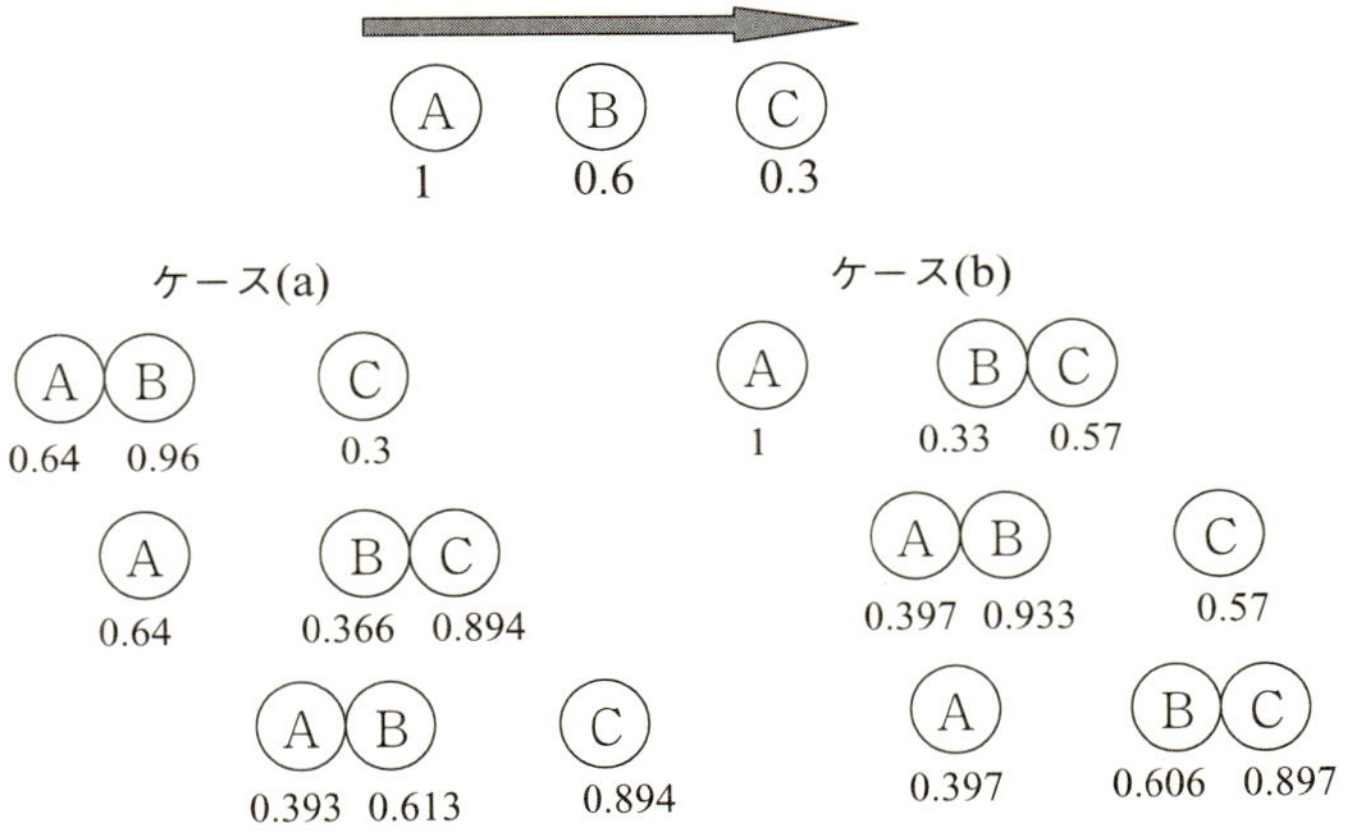


図５　３体衝突の順序による最終速度の違い。初めの速度は順に左の球ほど大きいとし、球の跳ねかえり係数は0.8とする。初めの状態でのＡ、Ｂ、Ｃ間の距離によって、（ａ）、（ｂ）の２通りの衝突過程が考えられる。そして、三つの球の最終速度は（ａ）、（ｂ）の場合で異なる。球の下にある数字が衝突後の速度で、計算の詳細は省略するが、例えばケース（ａ）のはじめのＡ、Ｂの衝突の場合、衝突後の速度を$x$、$y$とおくと、

$$x+y=1+0.6$$

$$x-y=-0.8(1-0.6)$$

という二つの式が成り立つので、これを解いて、

$$x=0.64,\ y=0.96$$

と求められる。

右の球ほど大きくなるように並んだときであることは明らかだろう。このときは後ろの球は前に追いつくことができないので衝突過程は終了する。

二つの球が衝突する際には、一般にエネルギーを失うことが知られている。どれだけエネルギーを失うかは、物理学では球が壁に当たってまた跳ねかえるときにどれだけ速度が減ったか、という比で表す。この比を「跳ねかえり係数」といい、たとえば、時速１００kmでボールを壁にぶつけたら、時速80kmで跳ね返ったとすれば、跳ねかえり係数は０・８である。〈図5〉に書いてある数字が各々の球の速度で、各衝突過程において跳ねかえり係数をもとにして計算した結果が示されている。注目したいのは、三つの球の最終速度が(a)と(b)で異なっていることだ。つまりどのような2体衝突の組み合わせを考えるかで結果が異なることがわかる。

このように、衝突の順序を入れ替えると結果が異なることを、「非可換」と呼んでいる。非可換とはかなり一般的な概念で、我々の日常生活にも様々な例がある。たとえば、お風呂と食事のどちらを先にするかで、終わった後の気分が違えばそれは非可換だ。右と左の靴下を履くのはどちらから履いても結果は同じなので可換だが、ズボンとパンツをはく行為はもちろん非可換である。

ちなみに跳ねかえり係数が1、つまり衝突の際にエネルギーをまったく失わない、と考えると、衝突の順序によらず最終結果は同じになるため、可換である。この場合、衝突によって速度が入れかわるだけであるため、〈図5〉では(a)、(b)とも同じになる。現実の物質での跳ねかえり係数は必ず1より小さいため、衝突順序のちがいによる最終速度のちがいは必ず起きる。

この事実はモデル化をする際に大きな問題になる。セルオートマトンでは、粒子の位置はセルの上だけで考えるため、おおまかに捉えているだけだ。しかし、多体粒子の衝突順序の判定にはお互いの粒子の距離の微妙な差が影響する。そのため、非可換性のある現象に関しては、精密な順序判定ができないので、セルオートマトンによるモデル化は難しい。

以上、粉粒体の研究が困難な理由を長々と述べたが、科学はこのような困難を幾度も乗り越えて発展してきたのだ。近い将来、この大きな壁を打ち破る画期的なアイディアが誕生するかもしれない。いずれにしろ現在は、主にこの二つの大きな理由により、セルオートマトンモデル以外の手法でも、まだ満足のゆく粉粒体のモデルができていない。しかし、現在盛んにモデル化の理論的研究が進められているし、実験も多数なされている。また、コンピュータによる大規模なシミュレーションを行ない、多数の粒子を直接ニュートンの法則で動かす研究もある。これが、「個別要素法」といわれる方法で、明石の花火大会での歩道橋事故のシミュレーションにも応用されたことは前に述べた。

私としては、できればやはり粉粒体の複雑な挙動を理解するためには、何らかの簡単化したモデルを構築することが重要だと考えており、このような理論モデル作成に現在取り組んでいるところである。

## 電車の運行

電車は自己駆動粒子として見ると車とは大きく異なる点がある。それは時刻表の存在だ。時刻表どおり運転していればもちろん渋滞が発生するはずはない。

しかし実際には乗降客の存在、事故、悪天候など様々な要因のために時刻表どおりの運転は難しい。日本では、電車はかなり正確に運行されているため、遅延しているというイメージはあまりないかもしれない。しかし海外で電車に乗った経験がある人ならわかるかもしれないが、時刻表は時としてあってないようなものだ。

ヨーロッパで時間に正確な国はどこか、という問いには、ドイツやスイスと答える人が多いだろう。確かにヨーロッパの国の中では、これらの国は比較的正確だといわれているが、それでも常に遅れている。5分ぐらいの遅れは当たり前なので駅では放送もしない。私は1年間ドイツに暮らしていたことがあるが、その間に「フュンフツェーン・ミヌーテン・シュペーター」、この言葉を駅で何度聞いたかわからない。これは15分遅れという意味だ。そして駅員は決して謝らない。ただ遅れているという事実報告をするのみだ。2、3分遅れただけで何度も謝罪の放送が入る日本とは大ちがいだ。また、ドイツにも時刻表は一応存在するが、一般の人はそれをあまり見ない。確かに日本よりもかなり複雑な鉄道システムであり、また常に遅延もあるため、時刻表のみを頼りに個人で旅行プランを組み立てるのは難しい。列車の接続も日本とちがい、だいぶ余裕を持って考えないと乗り継ぎはすぐに破綻する。したがって、ほとんどの人は駅の窓口で長い時間をかけて熟練したスタッフと相談しながら切符を買っている。

イタリアに行ったときは、かなりひどい目に遭った。ある駅で現地の人と待ち合わせをしており、そこに向かって電車は順調に走っていたが、なぜか突然途中の駅で止まったまま2時間動かなかった。その間、何の説明もないし、駅員も見当たらなかったので、本当にどうしようもなかった。やっと電車が動き出して2時間半遅れで目的の駅に着いたが、信じられないことに待ち合わせの現地の人はさらに遅れて駅に来たのだった。

時間の感覚はこのようにヨーロッパと日本でかなり違う。ドイツ人は正確だ、というイメージは、ヨーロッパの中では、という但し書きが必要なのだ。日本の正確さとは比較にならない。したがって、日本人がヨーロッパに住むと初めはかなりイライラすることが多い。しかし人間は不思議なもので、3カ月も経つとだんだんその感覚に慣れてくる。ちなみにエレベータも日本は閉めるボタンがあるが、ドイツでは閉めるボタンはない。ゆっくりと閉まるのを皆でじっと待っているのだ。

ヨーロッパは様々な国が陸続きでつながっており、鉄道も様々な国を結ぶ。EU統合のおかげでパスポートコントロールもなくなり、ドイツにいて寝過ごしてフランスに行ってしまった、などは日常的に起きる話だ。一つの路線も長いものが多い。路線が長ければ、それだけ各駅でのちょっとした遅延も積もって大きな遅延になりやすい。また、乗客が持っている荷物も、かなり大きく重そうなものが多いし、自転車もそのまま電車に持ち込める。そして人の動きがゆっくりで、乗降も日本に比べてかなり時間がかかると感じる。このような理由がいくつも重なって、電車の遅延に影響しているのだろう。

それと個人的に思うのは、働く人間の気質と時間感覚のちがい、というのも実は遅延に大きく影響しているのではないか、ということだ。遅れてもあまり気にしない国民性のため、特に頑張って遅れを取り戻す、という考えがないように思える。ドイツでバスに乗ったときのエピソードだが、時刻表より15分遅れでバスが来たのに、運転手は近くに座っている乗客と会話を楽しみながらそのままゆっくりと運転していた。それだけでもイライラするのに、そのうちに運転手はバスを止めて降りてしまい、なんと近くの店までアイスクリームを買いに行ってしまった。アイスを食べている運転手を見て、私は怒りを通りこしてなぜか笑いがこみ上げてきた。

## 「時間調整のため停車します」の意味

それでは時刻表がある交通システムで遅延が起きたらどうなるか考えてみよう。電車が一日に2、3本しか通らないような路線では、一つの列車の遅れは他のダイヤにまったく影響を与えないのは明らかだ。しかし通常はだいぶ過密なダイヤで運行しているため、一つの電車が遅れだすとその他への影響は深刻だ。そのまま放置するといったいどういった状態になるのだろうか。それがまさしくダンゴ運転である。

ダンゴ運転のメカニズムはアリやバスの話のところでも述べたが、列車の場合、軽いダンゴ運転状態は日常的に発生している。そのメカニズムは以下のとおりだ。ある駅で乗降客が多い場合、そこでの停車時間が長くなる。すると、次の駅にその列車が着くのが遅れるため、次の駅にまた人がたまってきてしまう。そして同じことが繰り返されてその列車はどんどん遅れてしまう。しかし逆に後ろの列車は、前の列車が駅で乗客を乗せていってくれたため、あまり乗降に時間がかからない。それゆえ駅での滞在時間は短くなり、どんどん前の列車との間隔は詰まってゆく。こうして先頭の列車が遅れて、後ろの列車が追いついてゆき、だんだんと大名行列ができてくる。これがダンゴ運転のメカニズムで、放っておいてもなかなか元に戻らない。これは有名な物理学者である寺田寅彦もだいぶ昔に考察している。

したがって、距離が縮まる傾向が現れたら、後ろの列車は出発できる状態であっても、ちょっと待って間隔を一定に保つことが必要だ。とにかく列車間の距離がどこか詰まってしまうということは、逆にその前後の列車とは距離が大きくなっているということであり、このためにダンゴ運転が発生しやすくなるのだ。

都内の地下鉄では、ほぼ毎日のように、「時間調整のため当駅で1分停車いたします」などという放送が入る。これはダンゴ運転が発生しそうになったときに、電車間の距離を確保するための典型的な処方箋だ。出発できそうなのに停止している場合、たまにイライラして文句を言っている人を見かけるが、実はこのちょっとした停止により、もっとひどいダンゴ状態になるのを避けられるのだ。この理屈がわかってもイライラが治まらない人には、イタリアにしばらく住んでみることをお勧めする。

## 誰も呼ばないのに動くエレベータ

ダンゴ運転は、エレベータの運行にも見られる。

大規模なビルで複数台のエレベータがある場合、これも放っておくとダンゴ運転をしてしまう。その原理は列車とほぼ同じで、利用客が一番多い階にエレベータは集まる傾向があるので、他の階ではかなりの待ち時間になり、結局複数台あっても分散せずにダンゴ状態になる。したがって、効率良くエレベータ全体を制御し、どの階でもボタンを押してからの待ち時間をできる限り少なくするような工夫が必要だ。それは、たとえば時間帯ごとの利用階の頻度をコンピュータに学習させ、それに基づいてある程度将来のエレベータ運行ルートを予測し、その上でなるべくすべてのエレベータが分散した状態になるように運行することが行なわれている。したがって無人なのに勝手にエレベータが動いているのをたまに目にする。何も知らないとちょっとギョッとする光景だが、これはエレベータの「群管理」といわれており、うまく需要を予測して最適と思われる位置にあらかじめエレベータを移動させることで、待ち時間のイライラを軽減しているのだ。しかし物事には必ずメリットがあればデメリットもある。この賢いエレベータの場合は、快適さと引き換えにその運行の電気代はより高くつく。

## 航空機も渋滞

「ただ今、当機は離陸許可を待っております」という機内アナウンスが流れ、飛び立つのがだいぶ遅れた経験をすると、航空機も渋滞するのだということに気がつく。航空機の渋滞の様子を、空港にいるときと、空を飛んでいるときの二つに分けて見てみよう。

まず空港では、少ない滑走路の奪い合いが起こっている。航空機は離陸・着陸ともに滑走路が必要だが、その数は羽田空港で3本、また関西空港ではたった1本しかない。その滑走路を年間何十万機という航空機が奪い合うため、熾烈《しれつ》な争いになる。近いうちに羽田空港にもう1本滑走路を増やす予定であるが、そうなると今度は航空機の増加により、すぐ上空の空域の混雑がひどくなる。もちろん飛行場の管制官が必死になって発着するすべての航空機に指示を出しているのだが、少人数でその作業をするのはかなり大変で、滑走路での接触事故なども実際に起きている。ベテラン管制官に聞いた話では、この管制業務は長くても連続90分できるかできないかぐらいであり、人間が集中してできる限界がこれくらいだそうだ（そういえば大学の講義も90分である）。

事故を避けるために、滑走路の使用にはいろいろな決まりごとがある。大原則は滑走路上に2機以上の航空機が同時にいることは許されない、というものだ。ある航空機が離陸しようとして滑走路を全力で走り出したからといって、その次に飛び立とうとする航空機は滑走路の後ろの方にさえ進入することはできない。航空機が完全に飛び立ってからでなければ管制官からの進入許可がおりないのだ。脇道にいる車の場合、本線の道路がちょっとでも空いていれば、どんどん勝手に合流しようとするが、航空機はそうなっていない。そして滑走路は離陸機が続いて使用することもあるし、離陸、着陸と交互に使われることもあり、なるべくすべての機体の待ち時間が少なくなるように管制官が努力している。

ちなみに航空機は向かい風の状態で発着をするため、北風時と南風時で滑走路上を走る方向が正反対に変わる。これはヨットも同じで、風に向かって動くことで、風からの力を帆や翼の揚力に効率的に転換できるのだ。追い風で飛んだ方が、何だか後ろから押されるので良いような気がすると思うが、それが流体力学を勉強すると逆であることがわかる。後ろから押す力では、機体は前に行くだけで上に行くわけではない。揚力の発生原理とは、前からの風を翼に当てて流れの方向をうまく下に曲げ、その反作用で機体が上向きに力を受けるものなのだ。

機体は滑走路が使用中であれば、その入り口の誘導路のところで待つか、あるいはスポットといわれる、人や荷物を乗り降りさせる場所に留まる。渋滞を知らせる機内放送が入るのはこのときだ。空港内はたくさんの航空機でかなり混雑しているのが現状であり、滑走路という、一種のボトルネックの存在のために、その手前で渋滞が起きる。したがって地上での渋滞だけでなく、着陸をしたい航空機が上空で渋滞することもありうる。この場合、空港上空を少し周回してまた着陸コースに入る。しかし航空機が上空にいる場合、残りの燃料の量によっては、いつまでもぐるぐると回っていられない。燃料が殆んど残っていない航空機が着陸しようとする場合には当然のことながら最優先となる。

もちろんスポットで人の乗り降りに伴う遅延もあり、特に乗り継ぎ客を待つため出発が遅れることがある。航空機は全世界でネットワークを形成しており、お互いの接続もある程度考慮した運航をする。

このように、航空機は地上においてスポット離脱までの遅延と、また滑走路のボトルネックによる遅延の可能性があり、時刻表どおりに飛べるとは限らない。それではその遅れは飛行中に取り戻せないのだろうか。

実は空も混んでいるため、なかなか自由に飛ぶことができず回復は難しい。空を見上げると、鳥は自由に羽ばたいており、3次元の広大な空間を動くのにまったく制約がないように見える。しかし航空機は、実は空にある見えない「道」の上を飛んでいるのだ。「道」は航空機に乗ると座席の前のポケットに入っている機内誌の巻末に描かれており、地図の上に赤い線で世界の空港を結ぶ様々な航空ルートが定められている。

航空機は常に自分の位置の把握を地上・洋上のレーダーを用いて行なっている。この航空ルートとは、レーダーの設置してあるところを結ぶルートなのだ。そして管制官も常に自分の管轄区域内の航空機の位置情報を把握しており、日本の場合、上空を札幌、東京、福岡、那覇の四つの空域に分けて管理している。すべての航空機がこのルートに沿って動けば、その道は当然混雑するため各航空機の位置の把握と調整は管制官にとって大変重要な仕事だ。

そして航空機の間には最低の安全間隔というものが航空法によって定められており、前後の安全距離は同一高度、かつ洋上ではないところで時間にして10分以上というものだ。時速900kmで飛ぶジェット機の場合、この距離は約150km。また横方向の最低安全距離は約18km、そして上下方向は約300mと決められている。この距離を保ちつつレーダーで定められたルートから離れないように飛ばなくてはならない。それでも多少の自由度はあり、たとえば前に遅い航空機が飛行していれば、後ろの速い航空機は、別の少しずれたルートを飛行して衝突回避をする、レーダーベクターといわれる方法がとられる。また別の方法としては、ルートはそのままで、いずれかの機体の高度を管制官の指示で変えさせる。これは3次元空間を動ける航空機ならではの追い越し方法だ。

もう一つの渋滞の原因として、航空機が使える空域が限られていることも忘れてはならない。特に空港周辺は軍専用空域も混在している。そこは防衛庁や米軍が管理しており、民間航空機はふつうこの空域を飛ぶことができない。したがって空港の発着のルートも狭い進入路に限られてしまっている。民間航空機の空域が混雑しているときは、軍用の空域も自由に使えればだいぶ管制も楽になると思われるが、残念ながらそう簡単なことではない。広大な青空には、実は目に見えない線や境界がいくつも存在しているということがわかっていただけたと思う。

## セル生産方式の方がおいしそう

現在では、多くの生産工場で無人化が進み、様々な部品がベルトコンベアーで運ばれて自動的に組み立てられている。私はその流れ作業の様子を見るのがとても好きで、小さいころから工場見学は大好きだった。徐々に形を変えながら最後に同じものが大量に短時間ででき上がる様子は、ずっと見ていても飽きないし、またその流れは美しいとさえ感じた。

この部品の流れも自己駆動粒子系と考えることができる。そして渋滞とは、たとえば途中のどこかの機械が故障して止まっても、部品はどんどんそこに運ばれ続けてベルトからあふれてしまうことを意味する。これは回転寿司屋で見る光景と同じで、皿がすでにベルト上をかなり多く回っているのに、むりやり皿を追加しようとして流れをせき止めると、どこかで皿が重なったり落ちたりするようなものだ。部品の間隔に余裕を持たせればそれだけこの渋滞を避けることができるが、それでは生産能力が落ちる。ベルトのスピードも問題で、それが速ければ生産能力が上がるが、もちろん限界がある。たとえば人手による作業が必要な場合には、最も不慣れで処理の遅い人に合わせてベルトの運行速度を設定しなくてはならない。また、個人差もあり、ある人には必死になってやっとついてゆける速度でも、別の人は余裕でこなしているかもしれない。これでは従業員全員のパワーを効率的に生かしているとはいえないだろう。

そこで近年ベルトコンベアーをすべて取り払い、新しい生産方式を採用している企業が出てきた。それが「セル生産方式」といわれているものである。一人または複数がチームになって商品全体を組み立ててゆくものだ。極端な場合、数千ある部品を使ってたった一人で洗濯機のような製品を組み上げる例もある。慣れるまでは大変だろうが、それぞれの人が自分のペースで作業することができ、また成果も評価しやすい。作業員の商品への思い入れも出てきて、志気の向上にもつながる。そして作業員同士の間隔を縮めることで、助け合いも生まれ、熟達した作業員のノウハウも蓄積され、また伝承されてゆく。

このライン生産方式からセル生産方式への転換は、製造現場の革命ともいわれており、松下電器やキヤノンなどがこの転換により大幅なコストダウンに成功した。これは大変教訓的なことだ。身近な例でいえば、三人で同じ野菜炒めをいくつも作る場合、野菜を洗って切る人、それらを炒める人、できた物を器に入れて運ぶ人、というように分担作業するのがライン生産方式で、三人がそれぞれ独立に野菜炒めをつくって運ぶのがセル生産方式だ。どちらが効率的かはこの例ではすぐにはわからないが、一人で全部作るセル生産方式の方が人間的でおいしそうに感じるのは気のせいだろうか。

## 渋滞が望まれる森林火災

山火事は世界各地で起こっており、日本でも大小合わせると年間約２７００件も発生している（消防庁調べ）。火が山全体に燃え広がると収拾がつかなくなるため、初期の迅速な発見とその消火活動が極めて大切である。出火原因としては、乾燥している時期に木同士が擦れ合ったりすることによる自然発火や、タバコの火の不始末などがある。そして火災による環境への影響も深刻で、地球温暖化や生態系の破壊、さらには発生したガスによる健康への悪影響なども考えられる。

次々と燃え広がる火を一種の流れと見なせば、これもまた自己駆動粒子系として考えることができる。そしてこれまでと違って「火災の渋滞」とは、むしろ大歓迎すべき現象ということになる。つまり渋滞せずにどんどん進んでゆくことは、火災の広がりを意味しているが、渋滞とはそこで火の進む勢いがなくなることを意味するからだ。

このような観点から森林火災を考えると、その防止のためにはいかにして渋滞を起こせばよいのか、という逆の発想が必要だ。いま、ある木が燃え出したとして、それが山全体に燃え広がらないための条件はどういうものだろうか。たとえばある程度木と木の間隔が開いていれば、火にとって通り道がなくなりそれ以上前には進めない。しかしあまり間隔をあけて植林するというのは、林業などで材木を切り出す場合にはあまりにも効率が悪くなる。したがって、ある木の近くにどのように他の木が分布していれば安全なのかが知りたくなる。

このような疑問に答えるのに適した手法が「パーコレーション」といわれているもので、統計物理学の比較的新しいテーマの一つだ。パーコレーションとは「浸透」という意味で、あるものが別のものの中にどれだけ浸み込んでゆけるかを計算できる。たとえば、雨が地面に落ちて地下に浸み込んでゆく様子がまさにパーコレーションで、どのような土質と表面にすれば雨水はどのように浸透してゆくのか、というのは土木工学でも重要な研究課題になっている。森林火災では、火がどれだけ森の中を燃え広がるのかが知りたいので、まさにこのパーコレーションの方法が使える。

この方法はセルオートマトンとの相性が良いので、ここでも森林火災をセルオートマトンでモデル化し、それを用いてパーコレーションについて説明しよう。

まず、土地を正方形のセルで分割し、その格子点に木を植えるとする〈図6〉。木は全部の格子点のうち何割かだけランダムに選んで植える。そしてある木が燃え始めると、その木の上下左右の場所にある木に燃え移ってしまうとするルールを定める。

いま、図のように7×7の格子点のある正方形区画において、左端と右端の列が太い線で示されており、火災はまず左端の列にある木がすべて燃え出して始まったとする。そして、あと

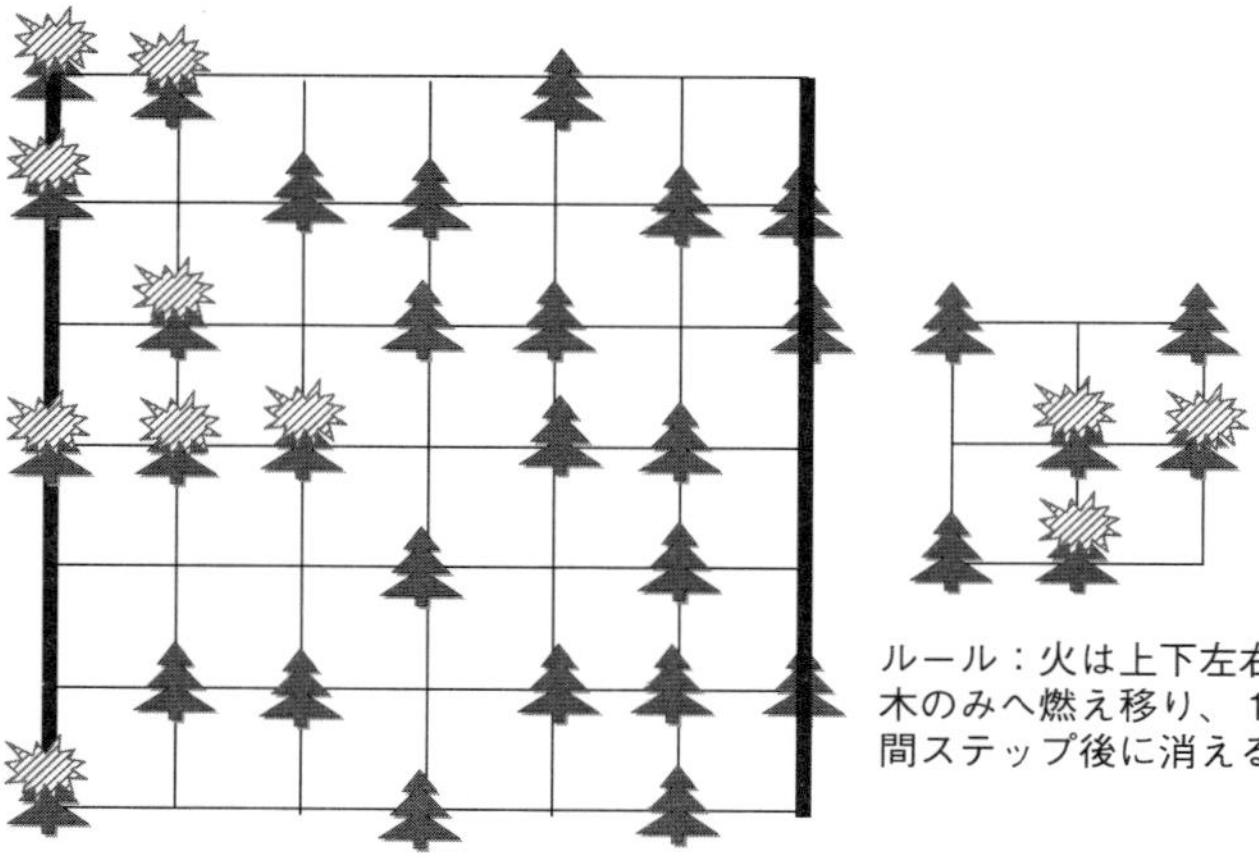


図６　森林火災とパーコレーションのルール。左図の正方形区画において、左右の太く示した列が燃えた木でつながればパーコレーションしたという。左図は、初めの状態から１時間ステップ進めたあとの火災の様子である。この木の配置の例ではパーコレーションしないが、中央にもう１本木を増やせば左端から右端まで木がつながるためパーコレーションする。

は左上の点から始まってまず上から下、そして右に1列ずれてまた上から下、というように順に格子点を調べてゆき、最後に右下の格子点まで行く。その途中で、格子点に燃えている木があればその度にルールを適用して周囲に火を燃え移らせる。こうして左上から右下の格子点まで調べてゆくことを1時間ステップとする。そして一度燃えた木は、次回に調べるときに燃え尽きるとする。これを繰り返し、燃えている木がなくなるか、あるいは火が右端の列にたどり着いた時点で計算を終了する。

こうして、問題を、

「植林の割合が何%以上になれ

ば、左端の火が右端に達するのか？」

と設定してみよう。つまり、左端から右端まで火がパーコレーションするために必要な木の密度が知りたい、というわけだ。そして、火が渋滞した、とは左端から右端まで火災が進展できなかった状態である。植林率１００％ならば、1時間ステップで右端まで火は到達し、パーコレーションが起きる。逆に木が7本未満ならば、どのように木を並べても絶対に火は右端までたどりつけないのは明らかで、渋滞する。

それでは植林率を決めてランダムに木を配置し、パーコレーションが起きるかどうか何度もコンピュータで調べてみよう。すると、平均して植林率が約60％以上ならば、パーコレーションが起こり、それ以下ならばほとんどパーコレーションは起こらないということがシミュレーションによりわかる。この60％というのが、パーコレーションが起きるかどうかの臨界値であり、それはすなわち渋滞が起こらないかどうかの相転移の臨界密度ということになる。こうしてこのモデルでの安全な植林の限界密度がわかった。図の例ではパーコレーションは起きないが、たまたま中央にもう1本木が植えられていればパーコレーションが起きる。このときの密度は28÷49＝57％である。

これはコンピュータによるシミュレーションによって得られた結果だが、コンピュータに頼らずに数学的に厳密にこの臨界値が計算できるパーコレーションの例もこれまで多数知られている。

パーコレーションという強力な統計物理学の方法を渋滞学に応用することで、他にも様々な流れとその渋滞を研究することができる。たとえば、伝染病の問題が挙げられる。木を人とし、火を病原菌とみなせば、森林火災とほぼ同じアプローチで考えることができ、伝染病を食い止めるのは、病原菌の渋滞を起こせばよいことになる。感染者の分布密度がある一定値以上に上がらなければ病気が全体に広がることはない。この臨界密度を求める研究は現在盛んに行なわれている。

また、病原菌の代わりに意見や噂という実体のないものを考えれば、どのように人々の間に世論が形成されるのか、あるいは噂はどのように広がってゆくのか、なども研究してゆくことができるだろう。これは次章で述べる、ネットワークの話と絡んで最先端の研究テーマの一つになっている。

## お金がお金を呼ぶ

次に、マネーフローと渋滞について考えてみる。お金の流れが渋滞するとは、そこにお金が貯まると考えることができる。自分のところで渋滞してくれれば、これもまた大変好ましい渋滞だ。しかし経済学と渋滞学を結びつけて研究することはまだこれまで誰も真剣に行なっていないようだ。大変興味深い研究になると思われるが、それによりもしお金の渋滞を起こす方法がわかっても、誰もその結果を公表しないのではないかと思われる。ただ、ひとつだけここで言っておきたいことがある。それは、放っておくと富める者はますます富み、そうでない者はますます貧しくなる、ということだ。お金はさびしがり屋といわれるが、お金があるところにどんどん集まってゆく。たとえば、大金になればなるほど、それを増やす運用方法の選択肢は多くなり、運用利率も高くなる。大金が大金を生む循環を作るのだ。

実はこれは、電車は何の制御もしなければダンゴ運転になる、というのと極めて似ている。制御がなければどんどん富が集中するというのは、裕福な人と貧しい人の距離がますます大きくなる、ということだ。これは列車においてダンゴ運転になると、ダンゴの先頭の列車は遅れ始め、その前を走る列車との距離がますます大きくなることに対応している。

お金の集中を是正できるのが相続税である。これにより、ある人に集中した富を次の世代に引き継ぐときに強制的なコントロールが可能になる。しかし、２００３年の相続税法改正で、最高税率が70％から50％まで引き下げられた。その理由だが、まず諸外国と比べても70％は高すぎる、とか、所得税、住民税の合計最高税率50％と同じにしようとか、財産を次世代に円滑に伝えて経済を活性化するなど、いろいろと理屈がつけられている。だが、要するにお金持ちが考えた、お金持ちに甘くする法改正ではないだろうか。富める者の資産はそのまま息子に引き継がれ、お金持ちの家に生まれればお金持ちになる構図が強化されたという見方もある。

逆に相続税の最高税率を１００％に引き上げたらどうなるだろうか。高価なものは自分の息子に何も相続できないので、自分でエンジョイして資産を使い切ろうとする。息子は息子で、親の財産を引き継ぐことができないため、金持ちの家に生まれてもそれをあてにせずに自分で努力するようになる。これでは確かに経済は縮小してしまうかもしれないが、ある意味で健全で「あたりまえ」のことではないだろうかと思えるときもある。そして、よくテレビドラマに出てくるような、相続をめぐる兄弟骨肉の争い、というのもなくなる。

いま日本は貧富の差が拡大し二極化が進んでいる中、この相続税についての議論ももう少し活発になっても良いと考えている。このように渋滞学の立場から見れば、ダンゴ運転解消の処方箋が、経済学における富の再分配の研究と深く関係しているといえる。現在では、適当な車間距離を強制的にとらせることでダンゴ運転を避けている。もしもダンゴ運転にならない自然な走り方が見つかれば、その応用により法律でコントロールしなくても格差社会が自然に緩和されるかも知れない。このように経済学と渋滞学の融合により、マネーフローの新しいコントロールの方法が今後見えてくるのではないだろうか。

## 体内での渋滞

これまで、さまざまな「渋滞」を見てきたが、実は我々の体の中でも渋滞は起こっている。たとえば、心不全になると、心臓がうまく動かないためその入り口で血液がちゃんと合流できずに渋滞する。それがひどくなると血管からあふれ出てうっ血が生じてしまう。また、動脈硬化は血管の内部にコレステロールがたまってその径《けい》が細くなる病気だが、そうなると酸素を運んでくれる大事な赤血球が通りづらくなり、渋滞を起こしてしまう。バイパス手術とは、まさにこうした渋滞を迂回する道を体内に作る工事のことだ。しかしこれらは本書のテーマである「自己駆動粒子」の渋滞とはいえない。血液や赤血球はニュートン粒子だからである。ただし渋滞学の考えはニュートン粒子の渋滞現象にも応用できるので、今後はこのような研究も盛んになってゆくだろう。

以下ここでは、リボゾームとキネシンという二つのタンパク質を取り上げ、順にその運動と渋滞の様子について見てゆこう。これらのタンパク質の動きは自己駆動粒子と見ることができ、その集団での運動を統計物理学的アプローチにより解明することは、最近になって始められた新しい研究の流れである。

これらのタンパク質は我々の健康と密接な関係がある。たとえば、リボゾームは体に必要な様々なタンパク質を作ってくれるタンパク質だが、虚弱体質の人の原因の一つとして、このリボゾームの機能の低下が考えられる。免疫として働くタンパク質が十分に作られないと病気にかかりやすくなるのだ。滋養強壮に朝鮮人参を食べるのは、その中に含まれる物質がリボゾームの働きを活発にする作用があるためと聞いたことがある。逆に抗生物質とは、体内の細菌のリボゾームを攻撃することでその細菌を死滅させるものだ。タンパク質の合成を阻害すれば生命体は生きることができない。

## タンパク質合成工場

体内はそれだけで小宇宙ともいえるほど、様々な物質が日夜活動をしている。その中でも生命体にとって最も重要なものがタンパク質で、これを作り出している合成工場がリボゾームだ。第1章で少しふれたが、もともとASEPは、細胞内においてメッセンジャーRNA（mRNA）の上を動くリボゾームのモデルとして提案された。リボゾームが車だとすればmRNAは

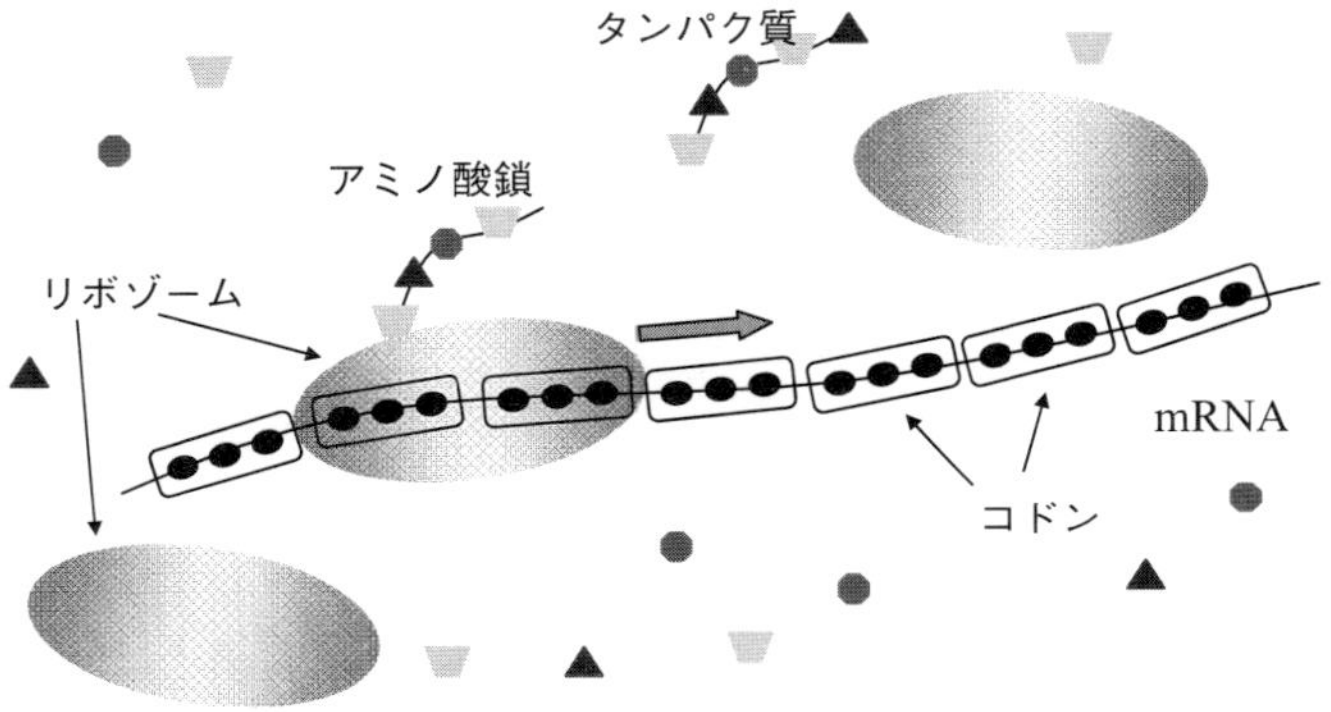


図７　リボゾームによるタンパク質合成の様子。ｍＲＮＡ上に付着したリボゾームは二つのコドンを覆っており、１コドンずつスライドしながら進んでゆく。そしてアミノ酸を次々に付加してアミノ酸の鎖を作ってゆく。

道路である。この活動は生命を維持する根本ともいえる重要な役割を担っており、まずはそのしくみについて少し見てゆこう。

タンパク質はアミノ酸が多数結合してできる巨大分子だが、その合成に必要なアミノ酸の情報が書いてある設計図がｍＲＮＡだ。リボゾームはこの道に書いてある情報を次々と読みとりながら、その情報どおりにアミノ酸を結合してタンパク質を作ってゆく。そのメカニズムは以下のとおりだ。

まずｍＲＮＡはＤＮＡをコピーして作られるが、このときにＤＮＡにもともと書いてある塩基の配列情報がｍＲＮＡに転写される。次にそのｍＲＮＡにリボゾームが結合する〈図７〉。リボゾームはｍＲＮＡ上をスライドしながら、その上に書かれている塩基配列の情報を次々と読み取ってゆく。この塩基配列の連続した三つが一つのアミノ酸に翻訳されるようになっており、この三つの単位を「コドン」という。これは暗号（コード）という意味の単語から来た言葉だ。

そして翻訳されたアミノ酸が、周囲からリボゾームまで運ばれてくる。周囲にあるアミノ酸を運んでくる「ポーター」の役割をしているのが、トランスファーRNAというものだ。リボゾームが1コドン分進むたびに、新たに翻訳されたアミノ酸が周囲から連れて来られ、それまで運ばれてきたアミノ酸と鎖のように順番にリボゾーム上で結合されてゆく。

こうしてmRNA上の終了コードが書いてあるコドンのところまで来ると目的のタンパク質が完成し、それはリボゾームから離れて体内の目的地へと移動してゆく。ちゃんと在庫を運ぶポーターと設計図、そして組立工場が一体となっており、驚くほど良くできたシステムであると感心する。

このタンパク質合成は正確に、かつ素早く行なわれなければならない。もしも何らかの原因で合成に失敗してしまい、正常に機能するタンパク質が作られなくなると、それだけで深刻な病気になってしまう。タンパク質は体内で酵素となって様々な反応を調整したり、ホルモンとして働いたり、免疫機構とも関連しているからだ。そして、DNA自体の設計図が狂っていると、何も知らないリボゾームはそのとおり異常なタンパク質をどんどん生産してしまうためにこれもまた病気になってしまう。この例として癌やエイズ、慢性骨髄性白血病などが挙げられる。その他、遺伝性の鎌形赤血球貧血症といわれる病気も、やはり塩基配列の異常により、血中で酸素を運ぶタンパク質であるヘモグロビンが正常な機能をしなくなる病気である。

## ＡＳＥＰはここから生まれた

リボゾームがｍＲＮＡ上を動くスピードは非常に速い。大腸菌のリボゾームの場合、３００個のアミノ酸からできているタンパク質一つを合成するのに要する時間は約20秒であることが知られている。つまり、１秒間で約15コドン分移動している。さらにｍＲＮＡ上にはいくつものリボゾームが同時に結合して、暗号を翻訳しながらタンパク質を作っている。このいくつか結合したリボゾームは、お互い独立にタンパク質合成をしてゆくことが知られている。このため全体のタンパク質合成量は結合しているリボゾーム数に比例して多くなる。このようにしてリボゾームたちは共同作業で我々の体に必要なタンパク質を素早く大量に生産している。

この状況をセルオートマトンでモデル化するのは容易だ。一つのリボゾームは通常、〈図７〉にあるようにｍＲＮＡの２コドン分を占める。それゆえ、ｍＲＮＡを２コドンずつのセルに分けて考えれば、一つのセルにリボゾームは最大一つ入ると考えることができる。また、リボゾームは約８分の１秒で２コドン分動くので、時間更新の１ステップは８分の１秒とすればよい。もちろんリボゾームは常に同じ速さで動いているわけではないので、ある確率で前に進むとした方が現実的だ。こうしてＡＳＥＰができあがったのである。これにより、リボゾームの個数と平均速度の関係などが詳しく計算できるようになり、この結果は体内でのタンパク質の合成量を見積もるのに役立つ。

１９６８年にマクドナルドとギブスによって考え出されたＡＳＥＰは以上のような背景から

生まれたものだ。しかし彼らの結果が掲載されたのは、『Biopolymers』という生物関係の雑誌であり、しかもその論文の内容は実は生物学というよりはだいぶ数学的な色彩の強いものであった。そのため不幸にもごく最近まで数学者、生物学者の両方からあまり顧みられることはなく、ＡＳＥＰが数学的に厳密に解かれた金字塔ともいえる１９９３年のデリダたちの論文にもこのマクドナルドたちの論文は引用されていない。

## 運び屋分子モーター

さて、次に体内の自己駆動粒子の別の例として、最近活発に研究されている分子モーターについて紹介しよう。それは生物の神経の活動を支えている重要な運び屋の話だ。

人の脳には１００億を超える神経細胞の巨大ネットワークが存在するが、その神経細胞はふつうの細胞と異なった形をしており、核が存在する「細胞体」から１本の「軸索」といわれる部分が長く伸びている〈図８〉。そして細胞体から出る複数の「樹状突起」があり、ここに他の神経細胞の軸索の末端が結合してお互い刺激の情報をやりとりしている。この結合部分はネットワークを形成するための重要な架け橋で、「シナプス」といわれている。

神経細胞の場合、リボゾームがタンパク質を合成する場所は細胞体だ。したがって、軸索の先端でのシナプスの活動に必要なタンパク質は、まず細胞体で合成してからはるばる軸索内を輸送してやる必要がある。軸索は長いもので１ｍを超えるので、その輸送も大変だ。また、先端において役目を終えた物質は、分解のためまた細胞体まで戻す必要もある。

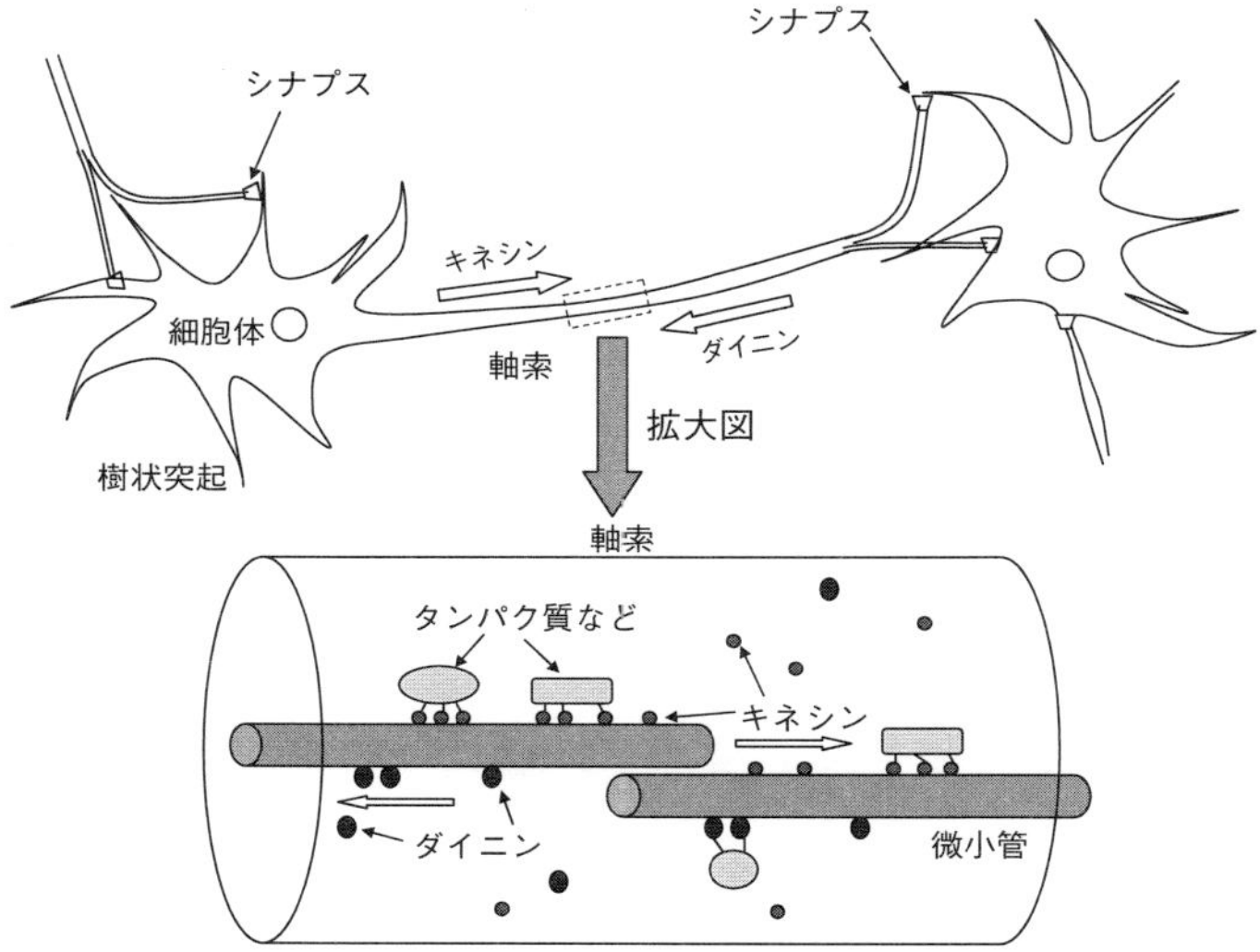


図８　神経細胞とそのネットワーク。樹状突起から刺激の入力を受け、軸索末端のシナプスから他の神経細胞へと刺激を伝える。軸索内ではキネシンとダイニンが必要な物質の輸送をしている。これらの分子モーターはいくつか集まって自分より大きなタンパク質などを高速で運んでいる。軸索内にある微小管が分子モーターにとって道路の役割をしている。

この大切な役目を担っているのが分子モーターという運び屋で、神経細胞内に2種類あることが知られている。まず細胞体から軸索先端に向かうのが「キネシン」、逆に先端から細胞体に向かうのが「ダイニン」である。この行きと帰りの2種類の分子モーターが荷車のようにタンパク質などをせっせと運んでいる。

軸索の中には、このキネシンやダイニンの通り道である「微小管」という道路が存在する。1本の微小管は数百マイクロメートル程度の長さだが、この管が何本も折り重なるようにして軸索内に長い道路を作っている〈図8〉。分子モーターは次々と微小管を乗り移りながら軸索上を旅してゆく。そして重要なのが、分子モーターはときどき微小管から離脱してしまう、ということだ。これが道路の上を動く車との大きなちがいで、車は途中で道からはずれて勝手に動くことはできないが、分子モーターは道路から勝手に離れて漂ったり、また突然道路にくっついて前進を始めたりしている自由気ままな自己駆動粒子だ。途中で微小管から離脱してしまうため1本の微小管すら完走するものはない。ただし、微小管に結合している間はとても速く動いており、たとえばある種のキネシンは秒速約1マイクロメートルの速さだ。これは1秒間で自分の大きさの約100倍の距離を動くことに相当している。人間でいえば、秒速170mということになり、とんでもない速さであることがわかる。

分子モーターの働きが悪くなると、これもまた様々な病気を引き起こしてしまう。アルツハイマー病はこの分子モーターの流れが滞って神経細胞が死滅して起きる病気だと考えられている。そしてこの病気の原因の一つとして、微小管の途中に何か通行を邪魔するようなタンパク質がついてしまい、うまく分子モーターが動けなくなる、という可能性が指摘されている。ちょうど道路が工事や事故でふさがれてしまい、車が通行できないような状況だ。その他、キネシンの異常は、様々な神経疾患はもちろんのこと、腫瘍、不妊や臓器反転症などとも関連している。またマウスの実験で、キネシンを多く投与すると学習効果が高くなるという興味深い報告もある。キネシンが多いと頭の回転まで速くなるのだろうか。そしてダイニンの不調が関係していると考えられている病気としては、あの車椅子の天才科学者、ホーキング博士の病気である筋萎縮性側索硬化症が知られている。

## ほうき星と渋滞

さて、キネシンとダイニンではその運動の様子が異なるため、ここではキネシンを取り上げてその運動をモデル化してゆこう。

まず、1本の微小管は細かく見ると、あるタンパク質が軸方向に規則正しくつながってできている。キネシンはこの微小管を構成するタンパク質一つに対して、同時に一つだけ付着できる。したがって微小管上を前に進むといっても、車のように連続的に進むイメージではなく、タンパク質のつながりでできた道の上をぴょんぴょんと動いてゆく感じだ。微小管はこのようにもともとセル状の構造を持つので、箱と玉によるセルオートマトンを用いたモデル化は車のときよりも自然にできる。微小管を構成するタンパク質1個は8ナノメートル（1ナノメートルは1ミリメートルの100万分の1）の大きさである。これを「箱」として微小管をこの小

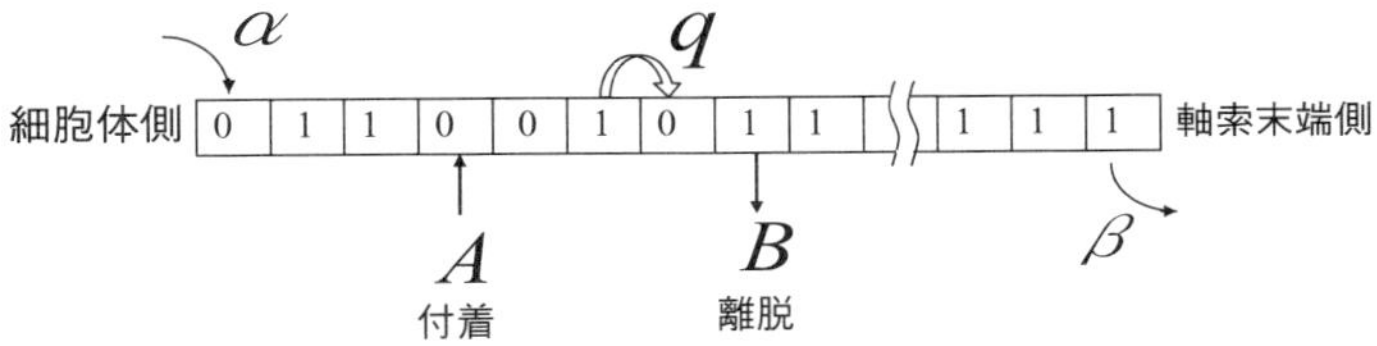


図９　キネシンの最も単純なモデル。ＡＳＥＰに付着と離脱をいれただけのもの。前が空いていれば確率 $q$ で進み、確率 $A$ で空いているところが１に変わり、確率 $B$ で１が０に変化するルール。また、左端から入る確率を $\alpha$ 、また右端から出てゆく確率を $\beta$ とする。

さな箱の集まりとし、一つの箱には最大一つのキネシンしか入れないためＡＳＥＰのようなモデル化ができる〈図９〉。

さて、キネシンを動かすルールを決めなくてはならない。もちろんＡＳＥＰと同様に前が空いていたらある確率で前進させるが、ひとつ重要な付加ルールがある。それは、キネシンは微小管から急に脱線していなくなったり、また周囲に漂っているキネシンが微小管の空いているところに付着したりできるということだ。そのため、もしも空き箱があれば、確率的にそこにキネシンを誕生させたり、逆にある確率でキネシンを箱から消滅させたりするようなルールを入れればよい。車でいえば、いたるところ合流分岐があるようなものだ。

実はひと口にキネシンといっても40以上のたくさんの種類が知られており、それぞれ運搬する物質や動く速さまで異なる。しかしＡＳＥＰによる単純なモデル化の利点は、キネシンの個性によらない本質部分のみに着目したものであるため、様々なキネシンの運動を扱う際にもモデルにある確率の値などのパラメーターを変更するだけでよい。ルール自体の大幅な変更は必要ないというのが単純なモデル化の利点だ。そして現在ではモデルによる本格的なキネシンのシミュレーションができる段階まで研究が進んでいる。

さて、キネシンは渋滞するのだろうか。まず、ある実験の写真を見てみよう。〈図10〉において、左の矢印から右の三角形までが1本の微小管であり、キネシンは右方向に進んでいる。明るい部分がキネシンで、出口から左の方に向かってまるでほうき星のようにキネシンがたまっている様子が見える。つまり出口付近において発生している渋滞がほうき星の頭の部分で、そのためにどんどん集まってくるキネシンが後ろに尻尾のように連なっている。ちなみにほうき星という名前は実際に専門の論文でも使われている表現だ。これを見るとキネシンの渋滞は、高速道路の出口の料金所を先頭にした大渋滞を連想させる。しかし料金所の渋滞を空から撮った映像を見ても、ほうき星のような綺麗なネーミングは出てこない。車のラジオから「料金所を先頭にほうき星のような渋滞……」と流れてきたら、そこに巻き込まれている人は「そんなに美しいものじゃない」と怒り出すかもしれない。

こうしてキネシンも渋滞することがわかったが、さらにモデルを詳しく調べることでどのような条件のときにこのような渋滞が発生するのかがわかる。まず、当然だが軸索内のキネシンの量を多くすれば渋滞が起こりやすくなる。これは単純に車の量が増えた道と同じだ。

実はもう一つ重要な要素である、「ATP」について説明しよう。これはアデノシン3リン

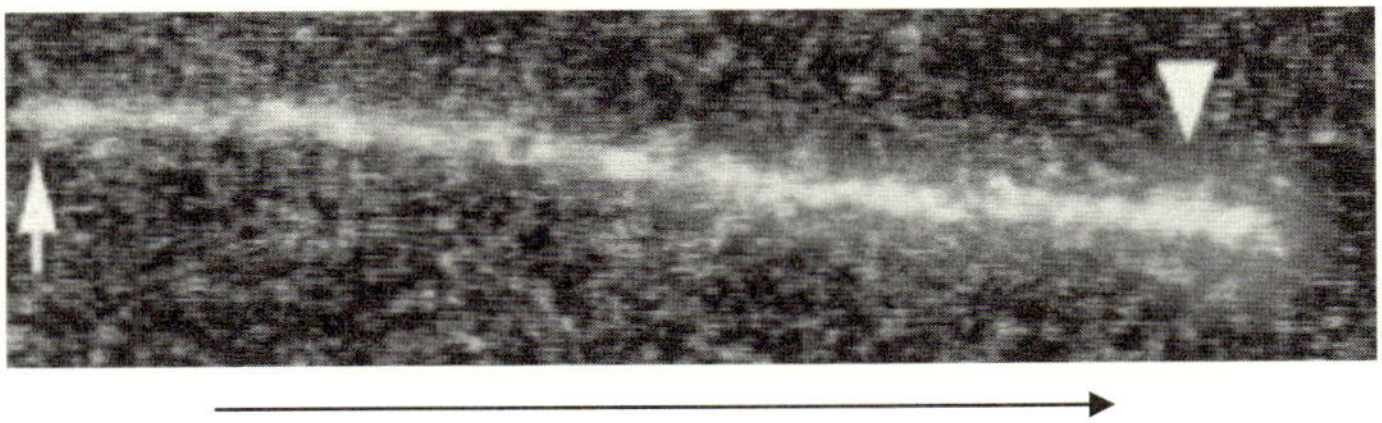

図10　キネシンの渋滞の様子。左から右にキネシンが動き、出口付近にキネシンがたまって渋滞していることがわかる。キネシンが多く存在する部分ほど明るく見えるため、全体としてほうき星のような形になっている。（東京大学大学院医学系研究科 岡田康志助手提供）

酸という物質で、わかりやすくいえば、キネシンを動かすガソリンのようなものだ。キネシンの周囲に常にＡＴＰは満ちており、この濃度が高いとそれだけ前進しやすくなる。そうなると、すべての車がハッスルしてどんどん前進しようとするようなもので、それがまた渋滞を引き起こしてしまうことは容易に想像できるだろう。

以上より、キネシンが増えるか、ＡＴＰ濃度が上がる、ということが渋滞になる条件であることがわかる。これは我々のセルオートマトンモデルでのシミュレーションでも確認されたが、詳細は残念ながら本書の範囲を超えるので省略する。

モデルにより確認されたこの結果をさらに発展させて、将来キネシンの流れの改善に何か有効な示唆ができるかもしれない。ただ注意したいのは、モデルや生体外の実験でいろいろなことがわかっても、実際の生体内で起こっていることを説明するにはまだまだ距離があるということだ。生物学では、生体外は in vitro、生体内は in vivo という用語を使ってはっきりと区別する。これは論文や研究者同士の討論に頻繁に登場する用語だ。in vivo で行なわれた実験が最も説得力のあるものだが、様々な要素が複雑に絡み合っているため評価が難しい。それに比べて in vitro なものは試験管内できちんと環境がコントロールされているため精密な結果が得られるが、その結果を生体にそのまま適用するのは難しい。現在のほとんどの基礎的な研究結果は in vitro での実験であり、ちなみに〈図10〉の写真も in vitro の実験によるものだ。

以上、体内の渋滞を見てきたが、医学の分野に今後渋滞学が応用できる可能性は極めて大きい。初めに述べたように、まず血液の渋滞の問題があり、血管内でどのような条件で渋滞が発生するかについて現在我々は渋滞学的な立場から研究を進めている。また、キネシンが渋滞するかどうかは、ＡＴＰ濃度を変化させることで「定量的」にコントロールできることが最近明らかになり、この研究に関して我々は現在医学部と共同研究を開始している。実験が主であった医学の研究分野に、渋滞学と数学的手法が入ってゆくことで病気の治療の新しい可能性が開けることを願っている。

以上、様々な渋滞を概観してきたが、他にもいろいろと考えられるだろう。そしてこのように既存の分野を超えた関連を見出し、あれこれ思いを巡らす楽しみがあるのがこの自己駆動粒子系の渋滞学だ。いよいよその旅も次章で最後である。最終章では、この学問の未来について語ろうと思う。

## 第5章の要点

①インターネットの渋滞は、大量のパケットが「ルーター」という交差点に集中することで引き起こされる。ただし、車は交差点で待たされるが、パケットは物理的実体がないため、渋滞すると捨てられるというちがいがある。

②粉粒体は自己駆動粒子ではないが渋滞する。特に管内を流れる粒は、管が細くなると目詰まりを起こす。現時点では粉粒体のモデル化は、相互作用の「非局所性」と衝突の「非可換性」のために非常に難しい。

③電車やエレベータなどは「ダンゴ運転」をしてしまう。航空機も滑走路が主なボトルネックとなって渋滞する。また、物流や生産ラインでの渋滞も渋滞学の対象である。

④森林火災や病原菌の渋滞は、これまでとは違って「好ましい」渋滞である。いかに渋滞を起こすかという研究は新しくまた興味深いテーマである。

⑤体内の渋滞は様々な病気と関係している。血流の渋滞はもちろん、タンパク質を作るリボゾームや神経細胞内の運び屋である分子モーターの流れの研究は、医学と渋滞学の新しいコラボレーションである。

# 第6章　渋滞学のこれから

## 現実はネットワークしている

　毎朝、テレビで首都高速道路の渋滞情報が放送されている。その渋滞原因の多くは事故だが、実は私も何度かヒヤリとした経験がある。一度でも首都高速道路を運転したことのある人ならばわかると思うが、自分の目的地をはっきりと意識して運転しないと、次から次に現れる道路の分岐に瞬時に対応しきれなくなる。ある分岐点で自分の思った方向へ曲がるのに失敗すれば、どこか別の場所でとりあえず高速を降りるか、または環状線をもう1周するしかない。私は分岐でどちらに行けば良いのかわからなくなり、左右にハンドルを小刻みに動かしてしまってパニックに近い状態になったことがあるが、その体験は今思い出しても身震いするような怖さだ。

　このように実際の道路は合流分岐によってネットワーク状につながっているのがふつうだ。高速道路では、二つ以上の分岐や合流、またそれらが織り込まれたように複雑に交差する道も存在する。しかしこれまで考えてきたモデルではそのようなことを考えに入れず、ただ直線的な道の上を動く車に限っていた。

車だけでなく、これまで扱ってきたアリや分子モーターも決して直線状の道の上を動くだけでなく、実際にはネットワーク状の道の上を動く自己駆動粒子である。アリの動くフェロモンの道も、餌場が複数ある場合などいくつも枝わかれが観測されているし、微小管も細胞内で多数存在しており、分子モーターにとってはネットワークをなしている。また、鉄道やインターネットなどもいうまでもなく網目状のネットワーク構造になっている。

モデル化によってその性質を調べるためには、もちろん初めはなるべく簡単なものから出発した方が良い。これまで直線の道に限定したおかげでモデルを数学的に解き進めることができ、渋滞相転移などの性質が詳しくわかってきた。これはこれで意味のある結果であり、まずは複雑なものの「部分」を取り出してその性質を明らかにする、というのは科学全般に共通する方法論だ。

次にこれらの結果をさらに生かすためにも、直線の道を組み合わせてできるネットワークについて、そろそろ真剣に考える時期に来ている。ネットワーク状の道の上を動き回る自己駆動粒子による渋滞は、まだほとんど研究がなされておらず、これからの大変重要な研究テーマである。

## ネットワークのトポロジーとは

ひと口にネットワークといってもいろいろなものがある。たとえば、川の流れのように次々に枝分かれして、たくさんの支流が周囲に広がってゆくような構造のものから、京都市内の碁

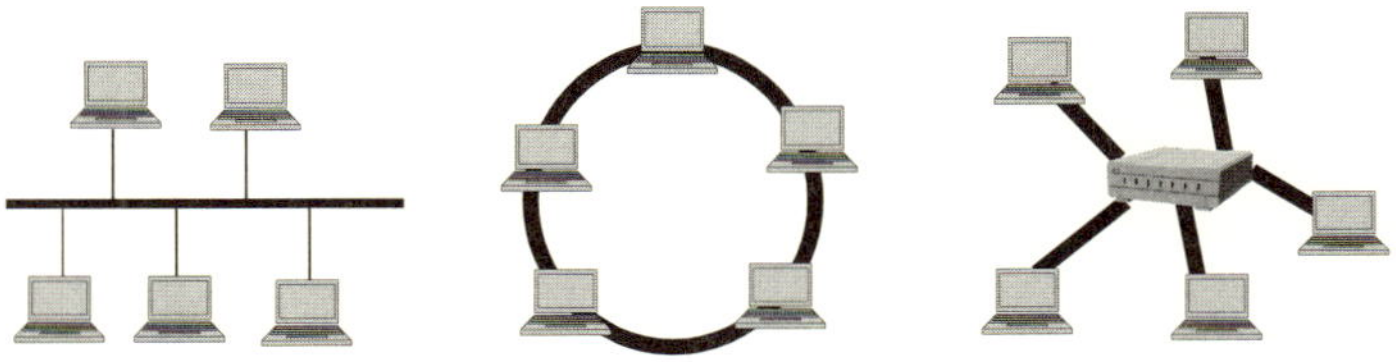


図１　インターネットの接続形態の例。
（ａ）バス型　（ｂ）リング型　（ｃ）スター型

盤目状の道路のような規則的なもの、さらにはインターネット、そして脳内の神経細胞のつながりのような複雑なものまで様々だ。ちなみにインターネットはよく「ウェブ」といわれるが、これは「蜘蛛の巣」という意味である。

ネットワークはそのつながりの様子によって分類するのがふつうで、これはネットワークの「トポロジー」といわれている。これはもともと数学の用語で、日本語では「位相幾何」と訳される。数学用語は得てして日本語にすると余計にわかりにくくなるが、要するにものの形や位置関係、つながりなどを扱う幾何学の一分野のことを指す言葉だ。

ネットワークの代表例であるインターネットについて、そのつながり、つまりトポロジーを見てみよう。パケットはコンピュータ同士を結ぶケーブルの中を動いてゆくが、そのケーブルの典型的なつなぎ方を〈図１〉に示した。

図には3種類の基本的な接続形態が描いてある。まず、バス型といわれるものが(a)だ。一つのメイン の道からたくさんの分岐が次々に出ており、その先々にコンピュータがぶら下がっているような配線である。メインの道はバスといわれることからこの名前がついた。次の(b)はリング型といわれており、まさに環状にコンピュータをつないだものだ。最後の(c)はスター型で、中心から外に向かっての配線が特徴の、現在最も多く使われているトポロジーである。中心にある集線装置はハブといわれ、このハブがネットワークを束ねる中心的な役割を果たしている。バス型のトポロジーでは、1本の道をいろいろなコンピュータが利用するため、パケットの双方向の流れが頻繁に発生するなどして「輻輳《ふくそう》」(渋滞)が起こりやすい。これはまたリング型のトポロジーにもあてはまり、これら二つはスター型に比べ、交通量が大きくなると輻輳が発生しやすいと考えられる。

それに比べてスター型では情報の流れがコンピュータごとに分離されているため、パケットの処理が楽になり、また拡張も容易だ。しかしハブが壊れればすべてのコンピュータがネットワークを使えなくなってしまうという欠点もある。実際はこれらのトポロジーが組み合わされており、スター・バス構造など様々な形態が考えられ、おのおのの利点を生かして状況によって使い分けられている。

以上はインターネットの配線の話だが、実は高速道路のトポロジーと極めて良く似ているのに気がつく。バス型は主要道路にたくさんの分岐道がある状況で、またリング型は環状道路に対応している。幹線道路が事故などで渋滞になれば、その影響が全体に及んでしまうのがリング型やハブ型だ。通常はそうならないように道路の車線数を増やしたり、また頻繁に渋滞が発生する箇所に新たなバイパス道路を作って渋滞緩和を図ったりする。

インターネットでも、たとえばリング型では二重のリングにして「車線」を増やすなどの渋滞対策をする。1m延ばすのに1億円、といわれる道路に比べたら、インターネットでは桁ちがいのコストで渋滞対策ができる。このようにネットワークのトポロジーと渋滞の様子は密接に関わっており、交通量に応じてどのようにトポロジーを変化させれば渋滞が緩和するのか、というのはどの分野でも共通の課題なのだ。

実際に巨額のお金を投じてバイパス道路を作った後に、やっぱりあまり渋滞緩和にはならなかった、というのでは話にならない。したがって、作る前にこのように他の類似の現象に注目したり、またモデル化により数学あるいはコンピュータを用いてその効果を精密に調べるのは大変意味のあることなのだ。

## ハブと集中

インターネットと高速道路の類似で、最後に挙げたスター型とはどのような対応になっているのだろうか。東京でいえば、中心から放射状に延びる道ということなので、首都圏とそこから外へ向かう道路の様子が想起される。そして、中心のハブに相当するものがまさに首都高速道路だと考えてよいだろう。多数のアクセスが集中するのがハブで、そのため実際に首都高速道路では時には予想をはるかに超えた渋滞が発生することがある。私は以前、滋賀県に住んでいて、そこから実家のある茨城県まで車を運転したことが何度もあるが、東名高速道路を通って常磐道に抜けるのにどうしても首都高速道路を通過する。ひどいときはハブの入り口付近である東京インターのだいぶ手前から混み始め、首都高を抜けるだけで2時間以上かかったこともある。

ハブから出入りする高速道路は9本あり、東名、中央、関越、東北、常磐などの大動脈となる自動車道がある。ハブが機能しなくなればこれらの大動脈も分断されてしまう。そこで、首都高の周囲をぐるりと回るように環状道路が計画され、これらの自動車道を首都高速道路を通らなくても行き来できるように工事が進められている。環状道路は同心円状に3本計画されており、そのうち真ん中の外環道は現在は常磐道から東北、関越までつながったが、そこから東名までの重要な約16㎞がまだである。計画からすでに40年の年月が経っているが、人口密集地を通るため用地買収などの問題があり、これまでなかなか進まなかった。しかし地下に環状線を作ることで現在工事計画が進められている。

しかし、逆にその効果を疑問視する意見もある。一番内側の環状道路である中央環状線が完成すればある程度ハブの渋滞も緩和されるので、三つも環状道路が必要ないのではないか、という意見だ。いずれにしろ首都高速道路の利用者の6割は都心環状線を通過するだけの利用であることがわかっており、その外側に環状線ができれば混雑緩和効果は大きい。このような問題の解決のためにも、車の流れのモデル化とそのシミュレーションにより得られる結果は重要であり、現在我々は首都高速道路の流量や速度の実測データを分析しながら、ネットワーク上での渋滞形成の様子について研究を進めている。

また環状道路建設だけが渋滞対策なのだろうか。もちろん他にもいろいろな方法が考えられる。たとえば首都高で慢性的に渋滞が起きている場所は、車線数をあと一つ増やすだけで解消できるところも多い。

車以外にも目を向けてみよう。インターネットでは、ハブのパケット処理性能を電子装置の改良などにより高めることで、増え続ける通信量に対応している。

また、航空機の路線でも同様の問題がある。ハブ空港では増え続ける離着陸機に対して、各航空会社に高い空港使用料を設定することでその使用率を下げる取り組みもなされている。客の側から見れば、便利なハブ空港を使って目的地までショートカットする高い路線と、いくつかの空港を経由して乗り継いでゆく安い路線があることになり、これにより利用客の分散を図るアイディアだ。道路でも同様な方法がロンドンでとられている。ロードプライシングといわれる方法で、市内に入ってくる車に対して渋滞税なるものを課し、約1600円もの通行料を徴収する。このシステムで3割以上もの車が減ったとの報告があるが、それにより逆に地下鉄などの公共機関がパンク状態になるぐらい混雑しているという。結局、利用客に負担を強いるだけのこの料金システムは市民の大きな反発を招いてしまっている。

都市の渋滞はどうしたら緩和できるのか、なかなか良いアイディアが浮かばないが、そういうときはぼんやりとアリを眺めたりするのも良いのかもしれない。

## どの道を通ればいいの?

このようなネットワークの渋滞問題は、「ルーティング」といわれる重要な課題とも関連している。これは出発点から目的地までどのようなルートで行くのが良いか、というルート選択の問題だ。最短時間で行けるルート、最低の料金で行けるルートなど、目的に応じていろいろなルートが考えられる。

最短時間経路の選択について考えてみよう。目的地までうまく遠回りすれば、あまり渋滞には出会わずに進める可能性が高くなるが、その分距離が遠くなるため時間もかかる。最短ルートで行こうとすれば、他の車も同じような行動をとると考えられるため渋滞して結局時間がかかる。我々はいつも運転するときにこのような選択を迫られる。数年前、私は良く知っている土地でタクシーに乗って苦い経験をしたことがある。ちょうど夕方の混雑する時間帯で、タクシーの運転手と話し合って、いつもの経験から遠回りルートの方が早く着くのではないか、という結論になった。そしてしばらくは快調に進んでいたのだが、突然大渋滞に巻き込まれてしまったのだ。どうやら他の車も皆遠回りルートを選択したらしく、遠回りでしかも大渋滞という二重の要因が重なり、悲惨にも待ち合わせに1時間以上も遅れてしまったのだ。タクシーの運転手も私を哀れに思ってくれたのか、途中で料金メーターを止めてくれた。それでもいつもの3倍ぐらい払った覚えがある。

このように最短時間のルーティングは現実的には極めて難しい問題だ。問題設定の前提となる事柄が時間とともに変化するからだ。近年、カーナビなどの利用により、道路の渋滞情報の通知や抜け道情報の提供などもいろいろと研究されているが、すべての人にそのような情報を開示してもまた新たな渋滞を引き起こすことが容易に予想されるし、皆が別の道に向かえば自分はそのまま進んだほうが早く行ける可能性もある。

したがって、情報の「選択的な開示」なども必要だ。より良いルーティングのためには、うまく情報を部分開示して車を全体として効率的に誘導できるようなシステムが望ましい。たとえば、ホンダ技研は自社の車の持ち主のみに渋滞情報を提供したり、目的地までの空いているルートを案内したりするサービスを行なっているが、もちろんこれは全員が幸せになるシステムではない。他社の車も含めて全体の交通の最適化ができるようなものが理想だ。

また、都心と空港を結ぶリムジンバスもGPSからの位置データなどを利用して組織的な運行をしていることが知られている。走っている自社バスすべての位置と速度を中央司令室が把握し、同時にリアルタイムで道路状況もつかんでいる。そして渋滞状況によっては高速道路を降りて一般道を走り、再び高速道路に乗るなどという走行もして、ほぼ時刻通りの運行を実現させている。

このように一般の車の流れにも、航空機のような管制塔があれば話は変わってくるのだが、そのようなものの導入は不可能だと思われるし、またあまり望ましい姿だとは思わない。中央で全体を制御するシステムではなく、あくまでも個人がある程度自由に行動しても、全体としてうまく流れるような自然な方法がないものだろうか。これは渋滞学に課せられた大きな宿題である。

インターネットのパケット通信でもルーティング問題は活発な研究がなされている。途中のルーターでパケットの棄却が起これば、そのルーターを通るルートは混雑しているため、そこをうまく回避して周囲のなるべく空いている他のルーターへ送るようなことが考えられている。

幸いパケットは車とちがい実体がないので、ルーティングの問題は車よりは機敏に対応できる。

人のルーティングの場合、東京ディズニーランドが素晴らしいシステムを持っているといつも感心している。一日の入場者数が3万人を超える巨大テーマパークのため、そのまま何も対策をとらなければ、ほとんどの人は人気のアトラクションを楽しむことができないだろう。そこで、そのようなアトラクションにはすべて「ファストパス」という整理券があり、そのパスに書いてある時間に来ればほとんど待たずに入れるシステムになっている。時間を指定することにより人を分散させており、利用客もおかげで他のアトラクションを効率的に回れることになる。たまにファストパスの発券機自体にも1時間ぐらいの行列ができてしまうことがあるが、それでもファストパスをもらうメリットは大きい。さらにファストパスにはたまにサプライズがついており、思いがけず他のアトラクションのファストパスも同時にもらえることがある。これは予定外の贈り物で、私はこれまで2回ほどサプライズ付きのファストパスをもらった経験があり、おかげでますます効率的にアトラクションを見て回れた。このサプライズ・ファストパスは、実は客を時間的にだけでなく空間的にもうまく分散させる効果があるのだ。しかもその誘導の仕方は、「すいているからあちらのアトラクションに回って下さい」という客の意思に反した不本意な誘導でなく、「ラッキープレゼント、この時間に行けばこのアトラクションがすぐ見られますよ」といった、行くことを楽しいと感じさせる方法なのだ。この差こそが、東京ディズニーランドを一流のテーマパークたらしめているゆえんの一つだろうと思う。

## たった6人で世界はつながる

ここ数年の間に、実はネットワーク理論自体にも新しい動きが出てきている。実際、最近の有名な物理関係の専門雑誌を見ても、ネットワーク関係の論文であふれている。一体どのような新しい発見があったのだろうか。

それは、ディズニーランドの話ではないが、「スモールワールド」、そして、「スケールフリー」という二つの新しい概念だ。ネットワークというのはいろいろな接続形態があると述べたが、碁盤目のような規則正しい格子から、まったくランダムなつながりのものまで考えられる。スモールワールドネットワーク、というのは、この規則性とランダム性に注目し、両方の性質を持ったネットワークのことを指す〈図2〉。

図にあるとおり、規則的な碁盤目状のネットワークにいくつかの遠くを結んだバイパス道路を作ったものがスモールワールドネットワークだ。そして、まったくでたらめに道を作った状態がランダムなネットワークである。

スモールワールドとは、まさに「世界は狭い」という意味だ。我々もふだん経験することだが、初対面の人と話していると、実は共通の友人でつながっていた、ということはよくある。スモールワールドの提唱者の一人であるアメリカの物理学者ワッツは、実際にどれだけの人間を介してまったく知らない二人がつながるのかを電子メールを使って実験した。ある人がまったく知らないX氏にメールを届けるのだが、ファーストネームで呼び合える友人だけにメールを送るというルールで、何人目でX氏にたどり着くのか、というものだ。これは一種のチェー

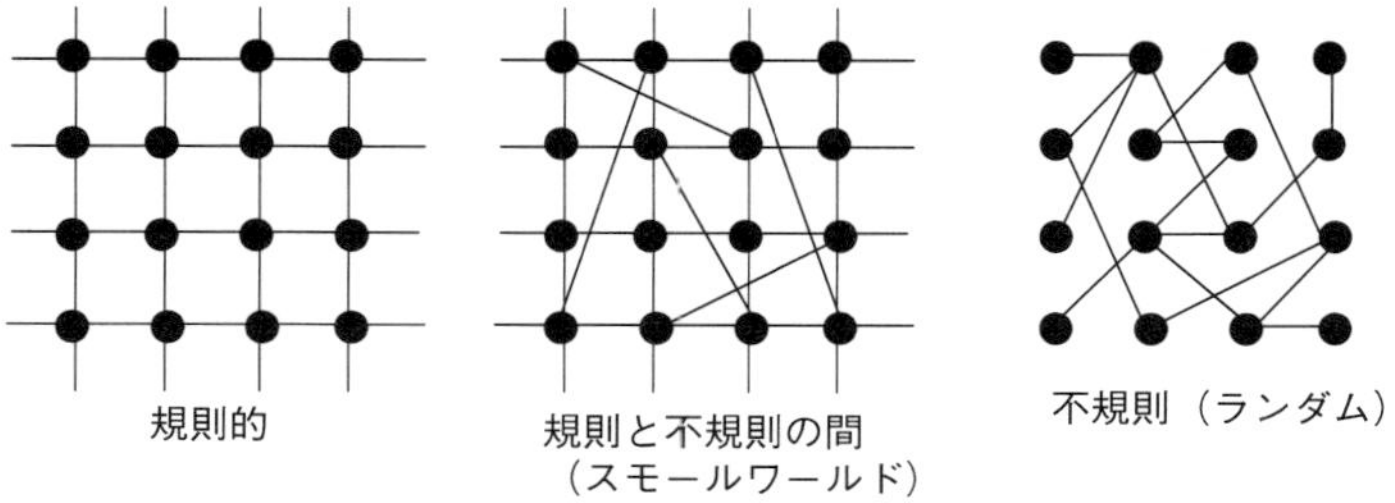

図２　スモールワールドネットワーク。それは規則的なネットワークと不規則（ランダム）なネットワークの中間状態のネットワークのことである。

ンメールであるため、システムのセキュリティ上の理由で残念ながら大部分のメールは失われたが、届いたものを分析すると、約6人という結果が出た。信憑性は弱いが、この6人というのは実は40年ほど前にアメリカのミルグラムによって行なわれた同様の手紙の実験と同じ結果になった。これらの結果より、どうもたったの6人を介せば世界はつながる、という主張はもっともらしく思えてくる。そしてこのことを皆が知れば、お互いもっと友好的な気持ちで接することができるようになるのではないだろうかとも思う。

さて、この6人説が正しいとすれば、人間関係のネットワークは碁盤目状の規則的なものではありえないことがすぐにわかる。なぜならば、遠くの人にたどりつくにはそれだけネットワークを長くたどらなければならないからだ。そうなると、どこかにショートカットするようなバイパスルートがあれば、お互いの距離が一気に短くなる。逆にバイパスのようなルートだらけで自分の周囲の人間とはちゃんとつながっていないような人間関係ネットワークも考えられない。そうなると、ちょうど人間関係は規則と不規則の中間、つまりスモールワールドネットワークがあてはまることになる。

そしてネットワーク理論にとってもう一つの重要なアイディアがその後すぐに物理学者バラバシらによって発表された。彼らは航空機やインターネットなどのネットワークを詳細に調べ、ハブという多数の接続道路を持っているものがいくつか存在していることに注目した。このようにある程度ランダムなつながりのネットワークの中にも、実は多数の接続を持つ中心的な役割のものが少数存在することもある。このようなネットワークをスケールフリーネットワークと呼んでいる。長いバイパス枝も短い枝も同じ1本と数えると、ある点から別の点まで行くのにたどる枝の合計数は、スケールフリーの場合、バイパスやハブの存在のために少ないものから多いものまでいろいろあって、ネットワークを特徴付ける代表的なスケールがないことからスケールフリーという名前がついた。

スケールフリーとは、簡単にいえば次のようなことだ。ある100人のクラスのテストの成績は全員異なっていて1点から100点まで分布していたとすると、このクラスにはいろいろな人がいて特徴づけができずスケールフリーになる。この場合、平均点は50・5点だが、この数字にはほとんど意味はない。また、高得点の人がハブに相当していると考えてよい。それに比べて、もし全員30点ならばそのクラスは「要努力クラス」と特徴づけられるのでスケールフリーではないし、また高得点者であるハブも存在しない。

〈図3〉を見るとそのネットワークの様子がわかると思うが、スケールフリーネットワークで

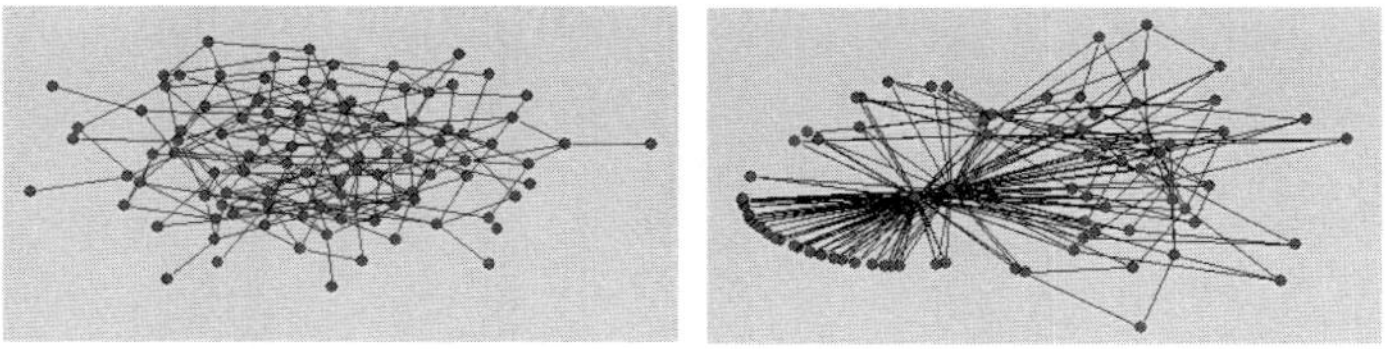


図3　スケールフリーネットワーク。これは多数の接続枝を持つハブの存在が特徴で、ランダムなネットワークとは異なるつながり方を示す。

は、多数の接続を持つハブとなる点がいくつか存在するのに対して、ランダムなネットワークでは全体としてとくに際立った点はなく、全体がランダムに結びついているだけだ。

航空路線図はこのようなスケールフリーのネットワークを形成しており、その他映画俳優の共演関係のネットワークもこのようになっていることが知られている。つまり一部の際立って有名な俳優がハブになっているのだ。これらの例の場合、一つの点から出ている接続枝の数がその点の「得点」だと思えば、テストの成績のたとえ話と直接対応して考えられる。

スケールフリーとスモールワールドはともに碁盤目状の規則的なものに比べてお互いの距離が近くなるネットワークだ。それではそのちがいは何かというと、まずスモールワールドにはハブは存在しない。そしてスモールワールドの場合は自分の周囲ともある程度強く結びついているのに対して、スケールフリーはそのような周囲との接続に関しては保証していないという点だ。したがってこの周囲との結びつきの強さという意味では、スケールフリーはランダムなネットワークに近い。最近では、自分の周囲ともちゃんと結びついて、しかもハブが存在するような両方の性質を備えたネットワークも見出され、その性質の研究が進められている。

スケールフリーのネットワークは、ハブの故障に対して弱いと考えられる。そしてハブの不調にどれだけこのネットワークが耐えられるのか、などが理論的に研究されている。これはインターネットでの悪意のあるネットワーク攻撃に対する安全性を増す上でも重要な研究だ。近い将来、渋滞学にこのネットワーク理論の結果が生かされて、新しい渋滞解消システムが生まれてくることを大いに期待している。

## ゲーム理論の大切さ

さて、次に渋滞学の最も重要な基盤になる、正しいモデル化とは何か、ということに関して考えてみたい。つまり、モデル化で得られた結果はどこまで信頼できるのだろうか、という問題だ。

これまで述べてきたように、自己駆動粒子の運動を従来の物理学の法則で正確に扱うことはできない。したがって我々は、このときはこう動く、というルールを設定することでその動きを扱ってきた。そのルールの最も単純なものが、空いていれば動けるという自己駆動の性質と、空いていなければ動けないという排除体積効果の二つであった。ＡＳＥＰはこの二つのルールのみで動く粒子のモデルだ。

したがって、ニュートンの法則にとって代わる基本法則として、まずは慣性の法則の拡張としての「自己駆動の法則」というものを考えることができる。これはある方向に常に動こうとする性質、というものであり、その方向は一般に状況に応じて変化する。さらにもう一つの基本法則として、その運動の方向変化も含めて、新しい「運動の法則」がどうしても必要だ。その最も簡単なものがASEPで用いた、排除体積の相互作用のみで動く、というルールだ。ASEPは1次元のため、幸い方向変化の動きはない。しかし粒子同士の相互作用はもちろん排除体積以外にもいろいろと考えられる。車のところで講義したとおり、前方の見通しが入ったりすれば、もう少し遠くからの力も受けるようになる。しかしまだ我々はルールベースにより、問題に応じて個別に扱う方法しか知らない。

これまでの研究で、高速道路での車の動きや人の避難、アリの軌跡などの場合、どのようなルールにすれば現実に近くなるのかがだいぶ明らかになってきた。これらは現実の膨大なデータと様々なルールでのモデルの振る舞いとを長い時間をかけて比較して研究してきた結果から得られたものだ。いわば、帰納法的なアプローチにより本質に迫ってきたわけだ。ここまでにある程度信頼できる結果が得られているが、これらの結果を今一度整理分析し、それらのルールの背後にある、より根源的な法則が見出されれば、それこそが自己駆動粒子系の新しい運動の法則になるだろう。そしてこのようなものが見出されたならば、結果の信頼性はいうまでもなく飛躍的に向上する。そのときこそが真に自己駆動粒子系が自然科学の対象になるときである。我々はこの目標に向かって日夜研究を続けている。

運動を決めるルールで最も難しいものが、心理的な駆け引きだ。これは人間の行動の場合、ほぼすべてを決めるぐらい重要な要因だが、人間心理に基づいているためきちんと定式化できない。ただし、この行動を決めるルールはいろいろな分野でこれまで研究がなされており、その中で重要だと思われるものが、ゲームの理論だ。これについて少し解説しよう。

## 美人をナンパすべきか

ゲーム理論とは、現在のコンピュータの生みの親であるフォン゠ノイマンが考え出した、ゲーム的な状況下での心理的な駆け引きの理論で、特に経済学の分野で活発に研究されている。その有名なものが囚人のジレンマという問題で、以下のようなものだ。

まず、ある重大な犯罪が発生し、共犯であることが明らかな二人の容疑者が別々の部屋で取調べを受けているとする。そして、取調官は次の条件を各々の容疑者に個別に伝える。

「もしも二人とも罪を自白すれば16年の刑になります。また二人とも黙秘すれば別の軽い刑で2年の刑になります。しかし、どちらか一方が自白して、もう一人が黙秘すれば、共犯証言の制度により自白したほうは無罪放免になりますが、黙秘したほうは30年の重い刑になります」

これは二人の容疑者にとって、罪を自白するのが良いのか、また黙秘するのかはかなり迷う条件になっており、ジレンマを引き起こす〈表1〉。

個別に取り調べられているので、お互いどのように答えるかわからない。判断は相手が信用できるかどうかにも大きく依存する。しかしもしも冷静になって分析すれば、次のような結論に到達するだろう。それは、相手が自白したとすると、自分が黙秘なら30年、自白ならば16年

| | B 自白 | B 黙秘 |
|---|---|---|
| A 自白 | A16年、B16年 | A0年、B30年 |
| A 黙秘 | A30年、B0年 | A2年、B2年 |

表1 AとBの二人の囚人のジレンマ。自白と黙秘で表のように刑が変わる。

なので、自白したほうが良い。相手が黙秘したとすると、自分が黙秘ならば2年、自白ならば0年なので、結局、相手がどうあれ自分は自白したほうが罪は軽くなる。相手も同じことを考えるはずなので、そうすると結局両方とも自白して16年の刑が確定することになる。

しかしそれは表を見れば良くない選択であることがわかる。たとえば両方とも黙秘したほうが、2年の刑なのでずっと良い。二人がもしも協力すれば恐らく両方黙秘が選ばれるだろうが、隔離されて協力できない状況のためこのようなことが起きる。このように合理的に分析した結果が必ずしも最適なものになっていない状況が囚人のジレンマだ。

この問題は考えれば考えるほど深みにはまってしまい、自分でも本当にジレンマに陥ってしまう。そしてこれと本質的に似たような問題は現実の生活で様々な状況に登場する。ゴミ問題から国際紛争まで実はこのような枠組みで扱うことができるのである。

囚人のジレンマにおいて、両方とも自白してしまうような結論のことを「ナッシュ均衡」という。一方、二人の囚人にとって望ましいのが、双方黙秘だが、これは「パレート最適」といわれている(ちなみにどちらかだけにとって最も望ましいのは片方自白、片方黙秘だが、これらもパレート最適であるという)。このように「パレート最適」と「ナッシュ均衡」がずれる、というのがまさにこの囚人のジレンマの状況で、ゲーム理論の核心の一つだ。

ナッシュはアメリカの数学者・経済学者で、ジレンマ状況下での、このつりあい状態の発見によりノーベル経済学賞を受賞している。彼の数奇な半生は、ラッセル・クロウ主演の映画「ビューティフル・マインド」にもなったので、覚えている読者もいると思う。ナッシュは21歳のときに、この「均衡」のアイディアを発表したが、ノーベル賞受賞はそれから45年も後のことだった。合理的な判断による均衡状態と、全員が最適になる均衡状態がずれることがありうる、ということを示し、この発見は現在にいたるまで様々な分野で応用されている。

彼がこの均衡を思いついたのは、プールバーに友人と遊びに行ったときだといわれている。バーに3人の女性が入ってきて、そのうち一人は誰もが認める際立った美人だが、もちろん競争率は高い。皆がその彼女を狙っても誰もうまくいかない可能性がある。しかしあきらめてそれぞれ別の女性を口説けば、ナンパに成功するかもしれない。合理的な判断による別の妥協点に気がついてこの均衡の存在にたどりついたのだ。誰でも経験しているようなシーンだが、それを経済理論にまで高めたのが常人と違うところだ。アダム・スミス以来といわれている、経済学の新しい均衡理論はこうして生まれたのだ。

一方、パレートはイタリアの経済学者で、19世紀末から20世紀初頭にかけて活躍したが、ノーベル賞はもらっていない。ノーベル賞は1901年からスタートして、物理学など全部で6分野あるが、そのうち経済学賞だけが他のものと異なり、1969年から授賞が開始された。

ノーベル賞は存命している科学者に与えられる栄誉であり、パレートが亡くなったのは1923年である。もしもノーベル経済学賞が他の分野と同様に1901年から始まっていれば、パレートはノーベル賞を受賞していたかもしれない。

以上述べたジレンマ的な状況は、渋滞の発生とその時間変化の様子と深く関わっていると考えられる。たとえば、ショートカットするか回り道をするのかの選択は、相手の車の動きがわからないためジレンマを引き起こす。その他、建物からどの方向に逃げればよいか、なども同様の問題だ。あるいは合流部で見られる車同士の競争と譲歩の駆け引きもゲーム的状況だ。このようにゲーム理論を渋滞学へ応用することはたくさん考えられるが、現在までそのような研究はほとんどなされていない。

以上、ゲーム理論について述べてきたが、その他にも考えに入れなければならない重要なものとして「学習」が挙げられる。我々人類を含めて生物は皆「学習」により様々なものを習得してゆく。人の避難経路は普段使い慣れたルートを選ぶというデータもあるし、動物の様々な行動は報酬を与えることで学習させることが可能だ。この「学習の理論」は現在の脳研究の発端になったものであり、これもまた行動のモデル化には考慮しなければならない。自己駆動粒子の生物らしさを表すのは、以上のゲーム的な駆け引き、及び学習だろうと考えられる。今後はこれらを取り入れた形でのルールベースによるモデル化も重要な課題と考えている。そしてこれらすべてを考慮した後に恐らく運動法則に対応する基本原理が見えてくるにちがいない。

## 微積分で世界は変わった

つぎに渋滞学の数学的な側面について述べよう。これまで述べたモデル化は、箱の中の玉の動きを考えていたもので、別の見方をすれば0と1のみで現象をデジタル的に記述していたものだった。しかし別に空間を連続的に動く粒子を考えてもよいし、その方が自然に近いのではないかと考える人も多いだろう。

我々がデジタル的、つまり連続でなく離散的なアプローチをとっているのはいくつか理由があるからだ。まず、世の中は「連続的」なのか「離散的」なのか、というのは見ている対象とそのスケールによる概念の違いである。たとえば、水は連続的に見えるが、実は分子という離散的な粒子が集まってできている。逆に車の流れも遠くから見ればなにか連続的なものの流れのようにも見える。確かに車は道路の上を時間が経つにつれて連続的に動いている。しかしその動きも、たとえばストロボカメラで1秒に1枚の写真を撮り続ければ、その写真は1秒毎の離散的な動きの集まりになる。そしてそれらをアニメーションのように重ねれば、誰にでもちゃんと前に動いているように見える。このように、あくまでも連続、離散とは、同じ対象を記述する方法のちがいで、どちらで記述しても対象の本質を捉えることは可能なのだ。そうなると好みの問題にもなり、私の脳は、離散的に考えた方が物事を理解しやすいようにできているようだ。

もう一つ、重要なことがある。それは、コンピュータは離散量しか扱えない、という事実だ。400年以上前は微積分がなかったので、基本的には物理現象を離散的なからくりで捉えていた。その後、微積分の登場で世界は根本から変化を遂げた。それは離散から連続への変化であり、微積分によって自然界のいろいろな対象を連続の世界で考える手法が確立した。この意味では、微積分は人類が得た道具の中で最も強力なものだと私は考えている。そして1950年ぐらいまで微積分が栄華を誇る時代が続く。その後にデジタルコンピュータの登場だ。今まで微積分を使って計算してきたものを今度はコンピュータを使って計算しようとすると、どうしても再び連続量を離散量に変換する必要がある。そこで、微積分が開発される以前の手法が再び注目され、近年ますます離散的アプローチが研究されてきている。

あくまでも仮定の話だが、もしも400年前にコンピュータがあれば、微積分は誕生しなかったかもしれないし、生まれたとしてもあまり使われなかったかもしれない。

## コンピュータが間違える計算

しかしどんな道具にも死角があるのを忘れてはならない。微積分で扱えない問題も数多い。微積分ではあくまでも現象を連続的にとらえるため、不連続に変化するような現象を解こうとするとかなり無理が生じてしまう。不連続現象はやはり離散的なアプローチの方が優れているが、そうなると今度は微積分の強力な解析手法が使えなくなる。逆に連続的な現象を離散的アプローチで考える必要はなく、その場合には微積分の恩恵にあずかって考えればよい。また、コンピュータも万能ではない。デジタルコンピュータでは原理的に計算できない問題も存在する。

その例が、カオス理論で最も良く知られた「パイこね変換」といわれる操作だ。これはパン屋がパイ生地をこねるときの、伸ばしては折りたたんで、という繰り返しを数学的にモデル化したものだ。餃子の皮を作るときでも、そばやうどんを打つときでも、同じような操作を繰り返す。実はこの「伸ばしては折りたたんで」という操作の繰り返しにより、生地の中の含有物を最も効率よく混ぜ合わせることができる、というのがカオス理論によって証明されたのだ。昔から職人が無意識にこねていた方法が、実は材料を最も良く混ぜ合わせる方法であった、ということが数学的に証明できたのは興味深い。

さて、コンピュータでこの操作のとおりに計算を繰り返すと、すぐに結果が破綻してしまうことが知られている。パン職人には簡単にできることだが、コンピュータはうまくパイをこねられないのだ。これは非常に印象的な結果なので詳しく紹介したい。

計算そのものは非常に単純だ。まず0から1までの範囲で好きな数$x$を決める。そしてこの0から1までをパイ生地とする。次に、選んだ数$x$が0・5より小さければ2倍して$2x$とし(伸ばす)、0・5より大きければ$2-2x$(折りたたむ)とする。その答えをまた$x$とし、この操作を同じように繰り返してゆく〈図4〉。たとえば、0・1を初めに選べば、一回目で0・2、次に0・4そして0・8となる。ここまで進んだところで0・5を超えるので次は2−1・6=0・4となる。再び0・4に戻ったので次は0・8となり、以降ずっとこれを繰り返すだけであることがわかる。

しかしこれをコンピュータで計算すると状況は一変する。たとえば私のパソコンで計算させた結果は、〈図5〉にあるとおりで、54回繰り返した後はずっと0になってしまう。0・4と0・8の繰り返しがいつまでも続くのが正しい結果なのに、コンピュータはこれを計算することができないのだ。これは私のプログラムミスではなく、実は原理的にこの計算はデジタルコンピュータではできないことが証明できる。信じられない人は自分のコンピュータでこの計算をしてみるとよい。よく使われるJava言語や数式処理ソフトでも、何でやっても同じで、数行程度のプログラムで実行できる。ぜひこのコンピュータの計算ミスという衝撃体験をしてほしい。

こんなことがどうして起きるのか皆さんはとても気になると思うので、少し説明を加えよう。ただし、ちゃんと説明しようとするととても専門的になってしまうので、雰囲気だけの説明にとどめる。コンピュータはデジタル思考なため、0と1の「2進数」しか理解できない。一方我々の世界の基本は「10進数」だ。したがって、0・8などの10進数は、コンピュータの内部では2進数に変換されて格納されている。この変換が大問題で、10進数の小数を2進数にすると一般に無限のケタが必要になるが、コンピュータ内の数字の格納場所の数が有限なために、厳密に変換することはできずに一般に小さな誤差が生じてしまう。そして、パイこね変換はコンピュータにとってはとても意地悪な操作になっていて、2倍するなどという操作のたびに、この誤差も2倍に拡大するようになっている。したがって、初めは小さかった誤差が何回かこの操作をするたびに大きくなり、ついには目に見えるようになってくるというわけだ。これはコンピュータがデジタルである限り、絶対に回避できない問題だ。

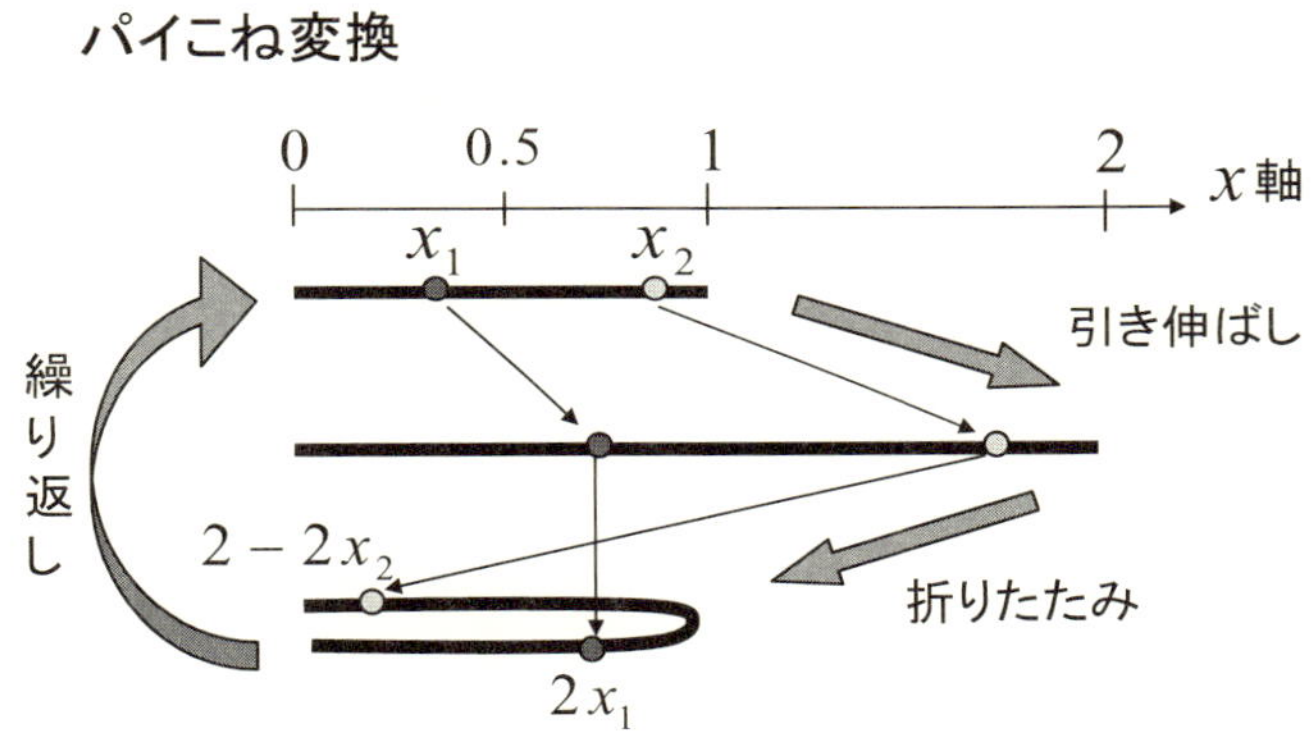


図４　$x_1$の位置にあった生地の成分は0.5より小さいので、２倍に伸ばして折りたたんでも$2x_1$の位置のままである。しかし$x_2$は0.5より大きいので、伸ばして折りたたむと$2$-$2x_1$の位置にくる。以上がパイを１回こねる操作をモデル化したものである。折りたたんだ後、上からぎゅっと押さえて再び０から２までの長さの生地にし、この操作を繰り返してゆくのが「パイこね変換」である。

## $x=0.1$から出発したときの計算機による出力結果

0.1,0.2,0.4,0.8,0.4,0.8,0.4,0.8,0.4,0.8,0.4,0.8,0.4,0.8,
0.4,0.8,0.4,0.8,0.4,0.8,0.4,0.8,0.4,0.8,0.4,0.8,0.4,0.8,
0.4,0.8,0.4,0.8,0.4,0.8,0.4,0.799999,0.400002,0.800003,
0.399994,0.799988,0.400024,0.800049,0.399902,0.799805,0.400391,
0.800781,0.398438,0.796875,0.40625,0.8125,0.375,0.75,0.5,
1.,0.,0.,0.,0.,0.,0.,0.,0.,0.,0.,0.,0.,0.,0.,0.,0.,0.

図５　計算機で計算できない例。カオスを示すパイこね変換で、70回の繰り返し計算をした。計算機はしばらく計算を繰り返すと誤った結果を出力するようになる。

このようにコンピュータが必ず計算ミスをするような例題を簡単に作れるので、コンピュータを過信してはいけない。最近は、あまり数学を深く勉強せずに何でもコンピュータで解こうとする学生が増えてきているので、大学の講義ではいつもこの話をすることにしている。要するに微積分とデジタル的アプローチは使い分けが重要なのであり、それぞれの死角も知りながらお互い相補的に用いるのが理想的なのだ。あるときは数学的に「紙と鉛筆で」計算して正しい答えのあたりをつけておいてからコンピュータを使い、またコンピュータの結果を再び「紙と鉛筆で」、ときには微積分を駆使しながらチェックしてゆくのだ。こうして初めて正しい結果にたどりつく。これは電卓で家計簿をつけるときにも重要だ。まずは電卓を使わずに大体の収支を紙と鉛筆で概算しておく。その後、電卓で正確に計算すれば、電卓のボタンの押し間違いがあっても結果を見てすぐにおかしいと気がつく。しかし初めの概算がなければ、間違っていても結果を鵜呑みにしてしまう危険性がある。

渋滞学でネットワーク的な流れを考える際には、一般に離散的なアプローチの方が優れている。たとえば車線変更、合流分岐、料金所、駐車場などをモデルに入れなくてはならないわけだが、連続モデルでこのようなものを考えるのは極めて難しい。しかし離散モデルならば相応のルールを導入することにより簡単にモデルに組み込むことができる。つまり、このように流れが不連続に変化するような場所は離散的に扱う方が良いのだ。

我々はこれまで離散的なアプローチで考えてきたが、もちろんこれまで述べたとおり、そのうちのある部分は連続的なモデルで考えてもよい。例えば1車線の単純な道路での車の挙動は連続モデルの方がきちんと計算できる場合もある。実際我々はそのようなアプローチでも並行して研究を進めている。ただ、渋滞学のより実際的な問題は離散的な手法が良いように私は感じているし、また大学で教えていても、微積分の記号がたくさん登場するような解説では学生にも受けが悪い。

## 複雑なものをどう理解すればよいのか

改めていうまでもなく、私は科学者に分類される人間だ。一科学者として、渋滞学を研究してきて感じたことを二つばかり最後に述べたいと思う。

初めは「理解する」ということについてである。現実の渋滞現象はとても複雑で、様々な要因が関わっている。このような社会現象はとてもやっかいな対象で、これまで物理学の対象にはなってこなかった。しかし近年、複雑系科学という言葉のもとに、経済学や生物学、心理学などいろいろな分野に物理学者が進出してきた。景気変動から脳の仕組み、人間の意識まで研究対象になっている。しかし複雑な対象を物理学はどのように料理するのだろうか。

いわゆる物理的アプローチとは、対象をおおまかに捉えて単純な要素に還元してモデル化し、そのモデルを解くことで最終的に対象全体を理解する、ということになるのだろう。

近代科学はこのような「要素還元主義」のもとで発展をとげてきたことはいうまでもない。デカルトのいう合理論の精神に基づいて、「困難は分割せよ」の号令とともに歩んできた。複雑な現象もその要素にバラバラに分割し、各々の要素を解析することで、あとは結果を積み木のように組み合わせれば全体像を理解できると信じられてきた。これは今でもほとんどの科学の方法論の基礎になっている。科学者は要素還元主義があまりにも当たり前になっているため、無意識のうちにこのような方法で研究をする。

しかしここで問題がある。果たして全体は部分の集まりなのだろうか。もしも全体が部分の単純な和になっているならば、生物と機械の差とは何だろうか。胃や腸や肺などをどんどんくっつけてゆけば人間ができるのだろうか。こういったことを考えると、やはり部分の集まりと全体は異なるといわざるを得ない。部分同士が相互作用をしているならば、全体は単なる部分の和にならないと考えてよいだろう。この意味では、逆に相互作用をしていない要素に全体をうまく分割することができれば、その要素のみを扱って全体を理解することは可能だろう。互いに独立な部分の集合の場合のみ、全体はその部分の単なる和になる。

それでは相互作用がゼロでなくても、ある程度弱ければ、そこで全体を分けて考えることはできるのだろうか。これはうまく分ければ可能だと考えられている。このような考えが複雑系の研究の基盤の一つにあり、複雑な対象を相互作用のほとんどない要素にうまく分割して単純化することが成功の秘訣だ。こうして現象に最も効いてくる効果のみをうまく取り出して要素還元したモデルは、たとえ単純であっても複雑な現実の大まかな姿を捉えることができるのだ。

また、単純なものからは単純なものしか生まれない、という概念を壊してくれたカオス理論の成果も大きい。カオス理論により、ごく少数のルールの組み合わせでも、ほとんどデタラメにみえるような運動まで実現できることが示された。現象が複雑なのだから、その現象を出すモデルも複雑でなくてはならない、という考えは間違っている。いくら単純そうに見えるモデルでも、実はどんな複雑な現象をも作り出す能力があることが知られている。ちなみに、0と1だけの単純な直線の上の動きで主にこれまで自己駆動粒子のモデルを考えてきたが、たとえば車の講義で述べたような見通しがあるモデルの場合、詳しい説明は省略するが一般に考えうるルールの総数は実に約43億通りもある。人のモデルにいたっては、モデルのバリエーションは天文学的な数に上り、原理的にどのような複雑な動きも計算可能なのだ。

複雑系科学においては、複雑な対象を複雑なまま理解する、というフレーズをよく耳にするが、これが文字どおりできる人は果たしているのだろうか。私は、人間は少数の組み合わせしか理解できない、と信じている。わかった、といえる瞬間は、おそらく非常に単純な要素の組み合わせで現象が理解できたときだ。これがこうなるから、あれがああなって、結局こうなる、というような単純な論法で説明がついたときに、人間はわかったと心から思えるのではないか。それゆえこれまで述べたように、複雑な対象も結局、うまく要素分割して、その各々の要素は少数のルールにしたがっている、というところまで簡略化できたならば、その現象の理解に成功したといえるのだろう。

コンピュータを使って複雑な対象をそのまま直接シミュレーションする方法を否定するわけではないが、何が起こったのかを理解するためには、その大規模なコンピュータ計算の後に、何らかの単純な因果関係による説明がないと人は納得しないだろう。ただこのような結果になります、だけでは人間はその現象を理解できないのだ。

どのような条件のときにこうなる、とか、これを変えると結果がこう変わる、というのが我々が本当に知りたいことだが、これは現象を大まかに理解していなければ決してわかるものではない。ちょっと条件を変えるたびにまたコンピュータで計算しなおす、というのを繰り返しているようでは、真の全体像の理解に到達することはできず、また無駄な計算時間コストがかかる。

たとえば、ある箱に数字を書いた紙を入れると、別の数字が書かれた紙が出てくるようなおもちゃを考えてみよう。1を入れたら、2が出てきたとする。3を入れたら今度は10が出てきて、次に5を入れてみたら、26が出てきたという。このようなことを繰り返しているうちに、だんだんと規則性が見えてくる。どうやら「入れた数を2乗して1を足す」というルールになっているようだ。そうすると、もう数字を入れてわざわざ実験しなくても、次にどの数字を入れたら何の数字が出てくるかがわかる。このルールを見つけたときに、理解したといえるのだ。入力の数字をいろいろ変えて膨大な数の実験を行ない、その出力をすべて記録して何千ページにわたる報告書を作成しても誰も有難いとは思わない。

したがって、コンピュータを動かしていてもいつかは立ち止まってじっくり考え、得られた結果を要素還元的なアプローチで料理することが大切であり、それこそが科学だと思う。そしてそのような要素還元ができないならば、おそらく人類はその現象を永遠に理解できないのだと思う。

## 数学の大切さ

もう一つの私の思いは、「科学の応用」に関することだ。近年、大学に対する風当たりは強くなってきている。国立大学は独立行政法人になり、民間企業の手法が取り入れられ始め、研究成果の厳しい評価がなされるようになってきた。これはこれで良いことだと私は思っているのだが、大学においては、実は成果の評価というのが極めて難しいのだ。

民間企業では、いくら稼いだ、というものがわかりやすい指標だが、大学にこれを全面的に要求するのは、教育研究機関としての大学の趣旨に反しているため不可能だ。現在、大学での業績評価とは、出版した専門論文の数というものが一つの大きな基準になっている。しかし数だけの評価だと、分野ごとに論文の書きやすさなどが異なるため、不公平を生み出す場合もある。

教育面も評価しようという動きもあるが、客観的な基準作りが困難であるためなかなか進まない。現在の評価システムもこのようにいろいろと問題があることは事実だが、民営化でさらに経営的な考えが大学に入ってきてますます評価基準作りは混乱してきているように思える。大学の経営陣にとっては、やはりお金に結びつく応用的研究を民間企業などと共同でする研究者は有難い存在になるため、将来、評価基準が拝金主義的なものに変化してしまうことを私は大いに危惧している。

数学などの基礎研究は、確率論のファイナンス応用などの極めて稀な例を除いては、直接お金に結びつくものではない。しかし数学はその厳密性により、一度何か問題の証明に成功すると、その結果は数十億円のプロジェクトなど及びもつかないような、世の中を根底から変革するような威力を持つこともある。最近では暗号理論でこのような話題が知られている。数学の中でも「女王」といわれる、整数論という分野でのある証明が、インターネットの世界でのセキュリティの中核として役立っているのだ。我々のインターネットでの商取引は数学によって守られている、ということを忘れてはいけない。以前私はこの暗号理論に興味を持って専門論文をいくつか見たことがあるが、私にとっては論文自体が暗号のように難解であった。

一見すぐさまお金に直結しない数学のような基礎分野こそ、国が積極的にサポートしなくてはならない分野だと思う。しかし近年、このような純粋科学の分野の研究者でも、自分のやっていることを曲げてお金に結びつく応用的研究をしようとする人も出てきている。しかし、急に分野を変えるのは難しいし、また応用研究は、基礎研究とは異なるセンスが必要なのだ。数学者がいきなり応用をやる、といってもなかなかそううまくゆくものではない。

したがって、私は学問の基礎となる理学部に対して応用的研究を奨励するような風潮には反対で、基礎学問を究めるトレーニングを受けた人間はそれを自由に貫き通すべきだと思う。また、工学部では応用的研究がメインだが、ここでも実は応用を奨励しすぎると問題が発生してしまう。それは学問の基礎の習得がおろそかになってしまうことだ。工学といえども、数学や物理などの基礎学問の上に成り立つものであり、設計などに使われるいろいろな公式はこの基礎学問からきちんと導かれてきたものだ。しかし、近年はこの公式のブラックボックス化が進み、公式は暗記するものと思っている学生も多くなってきているし、講義でも時間不足で参考文献を挙げるだけの場合もある。

公式とは絶対のものではなく、様々な仮定のもとで導かれたものであることを忘れてはならない。その仮定が成り立たないような状況では、公式自体が成立しないのだ。それを知らずに設計すると大変な事故につながりかねない。やはり自分が使っている武器は完全に理解しておくべきで、このような教育を省略して真の創造的な応用技術は生まれない。

現在、ますます理学部と工学部の乖離《かいり》が進んでいると私は感じている。100年ぐらい前までは、現在のような専門分化がまだ進んでおらず、理学と工学は融合していたと考えられている。しかし20世紀になって、科学の近代化とともに研究成果も加速度的に蓄積されてきたため、一つの分野への追従がやっとで、いまや完全に理学と工学は分離している。数学や基礎物理でも日夜いろいろな論文が世界中で発表されているが、しかしそれらに目を通す工学部の人はほとんどいない。逆もそうだ。もしかしたら、ある数学の論文に書いてあることが、工学の現場に役立つこともあるかもしれないのだ。しかしそのようなチャンスは現在完全に失われてしまったといっても過言ではない。

その理由の一つは、お互いの言語のちがいであり、使われている記号や専門用語などは、他分野の人から見るとほとんど暗号に近いものがある。工学部の人で、純粋数学の論文を読める人はごくわずかだし、逆に工学の実験の論文を数学者が見てもさっぱりイメージがつかめないだろう。要するに、両者の橋渡しができる人物が必要なのだ。

そこで私は以前より、分野にまたがった人材育成の必要性をいい続けている。現在のカリキュラムでは、理学部数学科の学部程度で習う数学まで理解していて、しかも工学的なセンス、たとえば設計などを身につけたような人物は生まれない。しかし、たまにそのように理学と工学を自主的に幅広く勉強する学生がいて、空き時間を利用して積極的に他学部の講義を聴講している。実はこのような学生は、将来のキーパーソンになる重要な人物ではないかと私は思っている。

理学部の人はそのまま基礎研究に突き進むべきで、極端な話、応用など一切考える必要はないし、また、工学部で応用研究をしている人に最新の数学の論文にも目を向けさせるというのもかなり難しい。そこで工学と理学を両方勉強した、両方の精神がわかる新しい人材が必要なのだ。そして基礎と応用の間に第三の新集団をサンドイッチのようにはさみこむことが今こそ重要なのである。彼らの活躍により、失われつつある理学と工学の絆を再び結びつけ、最新の数理の成果を次々に新しい工学の応用に生かすような最短ルートを作り出せると信じている。

この新しい人材は、言葉を単に右から左に伝えるだけの単純な通訳ではない。両分野の専門的知識をある程度細部まで理解しつつ、その結果を今度は細部にとらわれずに生き生きとしたイメージで捉えるような能力がなくてはならない。そしてこの人材こそが主体となって新しい分野を切り開くとともに、既存の分野の困難を分野横断的なアプローチで解決してゆくのだ。

現在はこのような高い能力を持った人材は偶発的に生まれるだけだが、将来は世界的規模で組織的な取り組みが必要だろう。断っておくが、この理学と工学の融合は、単に理学のプロと工学のプロが手を組むのでは意味がない。一人の人間の頭の中に両方を入れることが重要なのであり、それにより初めてこの二つは融合できる。実は異なる専門家同士が集まって意見交換するブレインストーミングというものは大抵の場合うまくいかない。英語しか話せない英語の専門家と、ロシア語しか話せないロシア語の専門家がいくら長い時間向かい合っていても意味がない。少なくともかなりの程度までお互いの分野のことを知っていないと、言葉や文化のちがいのため議論が本質的にかみあわないし、真に新しいものは生まれない。私は現在そのような考えで、新しい人材育成のためにいかにして理学と工学のエッセンスを融合させたカリキュラムを組めばよいのかいろいろと試行錯誤している。

長々と理学と工学の融合について書いたが、実は「渋滞学」は基礎研究と応用研究が直接結びついている格好のテーマなのだ。少し専門的になるので詳細は割愛するが、基礎研究としては数学でいえば確率過程論や可解モデルとの関連、また非マルコフ性が入った場合の取り扱い、グラフ理論などと深い関係があり、基礎物理では非平衡統計力学や機能性流体力学とも関わっている。また応用研究ではもちろん渋滞解消とその環境効果や経済効果と関連しており、また災害時の避難安全など重大な課題とも直接関係している。したがって、この渋滞学をキーにして最新の理学と工学の橋渡しができるようなプロジェクトを実践できれば、それは私にとって最高の喜びである。

本書によって、このように新しい広がりを持つ渋滞学に、一人でも多く興味を持っていただけたのではないかと期待しつつ筆を置きたい。

**第6章の要点**

①ネットワークのつながり方を「トポロジー」といい、リング型、バス型、スター型などがある。これはインターネットでも道路でも同様に議論できる。そしてスター型にはハブという、交通が集中する部分が存在する。

②ネットワーク上をどこから出発してどこへ向かうのか、というのは「ルーティングの問題」といわれ、最短時間で行く方法などが研究されているが難しい問題である。

③ここ数年、ネットワーク理論が新たに登場してきたが、その中で重要な概念は、「スモールワールド」と「スケールフリー」である。

④自己駆動粒子のモデル化には、心理やジレンマを扱うゲーム理論と学習理論が今後重要になるだろう。

⑤微積分とコンピュータは、それぞれ連続的、離散的な現象を扱うのに強力な手法である。ただし両者とも万能ではなく、たとえばカオスなどコンピュータで計算できない問題もある。

⑥複雑な対象を理解する方法は、対象をいくつかの要素にうまく分割して、その要素、及び要素間の相互作用を詳しく調べることである。

⑦数学などの基礎科学には国が積極的に援助すべきである。また現状では理学と工学の乖離が重大な問題になっているため、この両方の本質を理解できる新しい人材が必要である。

# 参考文献


『現代社会心理学』　末永俊郎、安藤清志編　東京大学出版会
『交通工学』　大蔵泉著　コロナ社
『交通工学』　佐佐木綱監修　飯田恭敬編著　国民科学社
『マルチエージェントシステムの基礎と応用』　大内東、山本雅人、川村秀憲著　コロナ社
『パニック実験』　釘原直樹著　ナカニシヤ出版
『火災から学ぶ』　東京消防庁予防部調査課監修　近代消防社
『パニックの人間科学』　安倍北夫著　ブレーン出版
『混雑と待ち』　高橋幸雄、森村英典著　朝倉書店
『待ち行列理論』　大石進一著　コロナ社
『アリはなぜ一列に歩くか』　山岡亮平著　大修館書店
『パーコレーションの科学』　小田垣孝著　裳華房
『セルオートマトン法』　加藤恭義、光成友孝、築山洋著　森北出版
『記憶力を強くする』　池谷裕二著　講談社ブルーバックス
『生化学・分子生物学』　第2版　エリオット著　清水孝雄、工藤一郎訳　東京化学同人

『ヒト遺伝子のしくみ』　生田哲著　日本実業出版社
『砂時計の七不思議』　田口善弘著　中公新書
『粉体工学の基礎』　粉体工学の基礎編集委員会編　日刊工業新聞社
『次世代ＴＣＰ／ＩＰ技術解説』　トーマス著　塚本昌彦、春本要訳　日経ＢＰ社
『複雑系を解く確率モデル』　香取眞理著　講談社ブルーバックス
『浸透理論の基礎』　スタウファー著　小田垣孝訳　吉岡書店
『「複雑ネットワーク」とは何か』　増田直紀、今野紀雄著　講談社ブルーバックス
『航空管制のはなし』　中野秀夫著　交通研究協会
『ゲーム理論のフロンティア』　池上高志、松田裕之編著　サイエンス社
『第十回交通流のシミュレーションシンポジウム』　講演概要集　交通流数理研究会

## あとがき

　よく聞かれるのでまず初めに書いておきたいことが、なぜこの渋滞学を研究することになったのか、ということである。渋滞に関する研究を開始したのは１９９６年頃からであるため、今年で約10年になる。実は当時は数学に興味があって、渋滞を研究するなどとは夢にも思っていなかった。しかしたまたま自分が研究していた非線形数学という分野で、セルオートマトン法についての大きな進展があった。この研究成果に心奪われてセルオートマトンの研究をしているうちに、いろいろこれは応用できることに気がついた。特に本文でも述べた、０と１の動きを見ていると、私の嫌いな「渋滞」が生まれる様子に極めて似ていることがわかってきた。それならば、渋滞解消を目指して、数学の最新の研究成果を一気に社会問題へ応用してゆくのも痛快なのではないかと考えるようになった。数学の成果が社会の役にたつのは３００年かかるともいわれているが、それが短期間でできればこんなに素晴らしいことはない。このように考えて渋滞研究を開始したというのが率直な理由だ。

　渋滞というのは大きな社会問題であり、交通工学では車の渋滞に関して古くから研究されている。また人の避難安全に関しても、建築工学の大事な一分野を占めており、こちらも研究の歴史は古い。これと関連して、社会心理学において人間の行動分析に関する研究も多い。またインターネットの渋滞は情報工学では近年最もホットな話題の一つである。そして、アリの集団運動の観察や実験の歴史も古い。医学生物学関連の渋滞に関しても、我々の健康問題に直結して詳細な症例や基礎研究がある。

これまではこのような分野同士の連携はほとんどなかった。実はこれらの中に共通の問題が横たわっているにもかかわらず、お互い独立して情報交換もほとんどないまま研究が進められているのは大変もったいない。幸い私はこのような分野にもともと友人がいたので、飲み会での雑談から始まって共同研究までが大変スムーズにできた。こうして渋滞学として広がりをもってきたのが現在の姿だ。

そして自分にとっての大きな転機が、2002年のドイツでの1年間の共同研究であった。ここではインドやスイスからの研究者も集まり、自己駆動粒子系に興味を持つ世界中の仲間と情報交換するネットワークを作ることができた。これは今でも続いており、彼らとたくさんの共同研究をすることができた。文化のちがいからくる新しい発想は大変刺激になるものだ。

本書はこれまでの研究成果のまとめであり、また同時に新しい渋滞学の出発点であると考えている。基礎研究の大枠は大体完了し、これから本当の社会貢献をしてゆこうと考えている。現在は実験データの取得により、より精緻な理論作りを目指すとともに、新しい渋滞予測ソフトウエアの開発を進めているところだ。このようにして基礎研究を直接社会に還元するという新しいプロジェクトに取り組んでいる。

本書は専門書ではないため、執筆にはとても気を使った。ふだんの研究論文を書くよりもある意味で難しかった。書いているとどうしても読者の顔が浮かんでくるものだ。専門家の顔がちょっとでも頭を横切ると、細かい点まで気になってしまうため、平易に書けなくなる。したがって様々な例外事項や但し書きなどがいちいち必要になり、専門でない人から見ると「何でこんなことを書いているのだろう」というところが沢山出てきてしまう。同僚から怒られないようにするために一般に専門家の書いた文章は細かくなり、わかりにくくなるのである。これは科学論文ではもちろん重要であるが、本書ではそのようなスタイルはなるべく排除した。文章を書いていて、いろいろ同僚からつっこまれそうな部分はあるのだが、それはあえて承知してわかりやすさを優先して書いてみた。どこまでこの目的が達成されたかはわからないが、これは大変勇気のいることだというのが本書を書いてみて初めてわかった。

最後の章では、渋滞学に関連していろいろと思っていることを自由に書いた。最も言いたかったのが分野横断的な人材の必要性である。この渋滞学を研究してきて、私はその大切さをしみじみと実感した。各分野の専門家を養成することも大事だが、この専門家をつないでゆくのも同じ重みで大事である。

私ももちろん専門家のはしくれなので、たとえば非線形現象について細かいことを一応いろいろと知っている。クイズ王と専門家のちがいは、例外まで含めてある分野の原理原則を知り尽くしているのが専門家で、専門知識の一部を例外抜きで満遍なく知っているのがクイズ王である。例外を知ることは、知識の適用限界を知ることにつながり、実際に知識を実生活に応用する際にはとても大切なのだ。その意味では、ものごとがうまくいっている場合には実は専門家はほとんど必要ない。しかしうまくいかないことが出てきたときに、それを解決できるのが専門家で、その存在は大変重要である。

しかしこれだけではまだ不十分で、新しいタイプの専門家がこれからの高度技術化社会には必要だ。もちろん全分野で専門家になるのは不可能なので、自分は一つの分野で専門家であればよい。しかし自分の専門分野以外に、クイズ王よりは深く工学と理学のいろいろな分野を知っていることも必要なのである。その上で専門家の友人を多く持ち、その内容を理解してお互いの精神を共有できる人材こそ、これからの社会を担う人材である。異分野の知識が有機的に結びつくのは、結局一人の人間の頭の中にそれらが入り込んで混ざったときのみである。

専門分野によっては、他の分野に対してなかなか友好的でない集団もある。これでは長期的に見てお互いのメリットにならない。我々は科学者なので、真実のもとに一致協力して理学と工学が分野を超えて一つになれれば素晴らしいと思う。そうすれば必ず渋滞問題は解決する。

最後に、やや長くなるが、映画のエンドロールのようにこれまでお世話になった方々に謝辞を述べたい。まず、ずっと共同研究をしてきた仲間である、ドイツのシャドシュナイダー教授のグループ、そしてインド工科大学のチョウドリー教授のグループの全員である。あまりにも多いので全員の名前をここで書くわけにはいかないが、誰も日本語で書かれたこの本を読めないので勘弁してもらおう。そして日本の共同研究グループのメンバーを紹介したい。まず、名古屋大学の杉山雄規教授。車の流れの不安定性を示す有名な最適速度モデルの提唱者である。またそのモデルの共同研究者である琉球大学の中山章宏教授は近年動物の群れの研究を精力的に行なっている。佐賀大学の只木進一教授は交通流やインターネットのデータの分析やシミュレーションの研究を進めており、また大阪大学の菊池誠教授と湯川諭助教授もデータ分析や理論解析などを行なっている。中日本自動車短期大学の福井稔教授はセルオートマトン法で活発な研究をしており、静岡大学の長谷隆教授も様々な現象のモデル化にとり組んでいる。他にもテーマに応じていろいろな人たちが関係しており、すべて名を挙げることはできないが、こうしたグループが中心になって現在交通流の問題を考える研究会を名古屋や大阪で毎年開催している。渋滞学の数理解析では、早稲田大学の高橋大輔教授、龍谷大学の松木平淳太教授、東京大学の時弘哲治教授と金井政宏博士との共同研究を通じて数学的な側面から基礎固めを行なっている。

そして、これまで私の研究室で渋滞学の研究をすすめてくれた学生の貢献も大変大きい。私は興味の対象がもともと広く、何でも研究対象にしてきたので、以前から勝手に私の研究室は「西成総研」と名乗っている。私がこれまで在籍してきた山形大学工学部機械システム工学科、龍谷大学理工学部数理情報学科、そして東京大学工学部航空宇宙工学科のたくさんの学生の卒業研究の成果が本書に含まれているが、彼らはみな西成総研の共通のメンバーである。そして本書の広い分野に関連する渋滞学の構築も彼らがいなくてはできなかっただろう。

データ提供に関しては、旧・日本道路公団に感謝したい。2005年10月より民営化され分割されたが、本文中では、すべて（旧）道路公団という名称で引用した。そしてシンクタンク「アドバンストアルゴリズム＆システムズ」の柿沼良輔社長、三木弘史博士とは現在、データの収集とソフトウエア開発に関する共同研究をしている。また、研究を新聞記事で取り上げていただいた、朝日新聞の勝田敏彦記者や東京新聞の大島弘義記者にはわかりやすい特集記事を書いていただき、夕刊フジの伊藤猛記者には車の制動距離と臨界密度の関係を指摘していただいた。

新潮社の今泉正俊さんには、本書の企画から構成、内容の詳細までアドバイスをいただいた。何といっても渋滞学に目をつけていただき、ほぼこちらの希望どおりの形で出版していただいたことに対して謝意を表したい。

最後になるが、私を支えてくれた妻と両親に本書を捧げたい。

2006年5月　都内の自宅にて　　西成活裕

新潮選書

渋《じゅう》滞《たい》学《がく》

著　者………………西《にし》成《なり》活《かつ》裕《ひろ》

発　行………………2006年 9 月20日

発行者………………佐藤隆信
発行所………………株式会社新潮社
〒162-8711 東京都新宿区矢来町71
電話　編集部 03-3266-5411
　　　読者係 03-3266-5111
http://www.shinchosha.co.jp
印刷所………………錦明印刷株式会社
製本所………………株式会社植木製本所

乱丁・落丁本は、ご面倒ですが小社読者係宛お送り下さい。送料小社負担にてお取替えいたします
価格はカバーに表示してあります。

ISBN4-10-603570-7 C0340